贵州省农村产业革命重点技术培训学习读本

食用菌
高效栽培技术

轻松学

贵州省农业农村厅 组编

U0239250

中国农业出版社
农村读物出版社
北　京

贵州省农村产业革命重点技术培训学习读本

本书编撰组

前言
FOREWORD

　　根据贵州省委、省政府开展脱贫攻坚进一步深化农村产业革命主题大讲习活动的工作部署，贵州省农业农村厅组织发动全省农业农村系统干部职工和技术人员，以"学起来、讲起来、干起来"为抓手，广泛开展"学理论、学政策、学技术"，进一步转变思想观念、转变发展方式、转变工作作风，进一步统一思想、凝聚力量、推动工作，巩固提升农村产业革命取得的成效，总结推广各地实践取得的经验，全面落实农村产业发展"八要素"，深入践行"五步工作法"，持续深入推进农村产业革命。为配合产业技术培训活动广泛深入开展，省农业农村厅组织专家、学者结合贵州省实际，编写了"贵州省农村产业革命重点技术培训学习读本"，供各级党政领导、村支两委干部、农业农村部门干部职工、农业经营主体等人员学习和培训使用。

　　随着科学技术的进步，食用菌产业也在蓬勃发展。及时推广有关食用菌生产的新方法、先进技术、先进经验，是推动食用菌产业向前发展的有力保证。本书的出版将对进一步推动贵州省食用菌产业的发展起到积极的作用，本书在介绍食用菌产业概况、生产基础知识的基础上，重点将香菇、木耳、红托竹荪、冬荪、茶树菇、羊肚菌、姬松茸、大球盖菇和灵芝等9种贵州省重点食用菌的生产栽培技术进行了总结，力求做到内容丰富、科学实用、通俗易懂，兼顾科学性、实用性和可操作性，对各地食用菌产业发展起到一定的指导作用。

　　由于编写时间仓促，不足之处在所难免，敬请读者指正。

编　者

2020年2月

目 录
CONTENTS

一、食用菌产业发展概况

1. 全国食用菌产业发展现状如何？

据不完全调查，2018年全国食用菌产量为3 842.04万吨，产值为2 937.37亿元，分别同比增长3.5%、7.9%。据商务部统计，2018年，我国出口香菇（干品）15.4万吨，同比增长5.5%；金额23.2亿美元，同比增长13.6%；平均单价1.5万美元/吨，同比增长7.7%。我国出口食用菌罐头24.5万吨，同比增长7.0%；金额5.8亿美元，同比增长49.5%；平均单价2 375.8美元/吨，同比增长39.6%。

总体来看，2018年，各地将食用菌产业作为区域经济调整、精准扶贫和乡村振兴的重要产业，从扶持政策和市场开拓等方面予以大力支持，生产主体明显增多，产量、产值双增长。其中，有20个省（自治区、直辖市）保持增长态势，部分省（地）大幅增长。

新兴产区的生产呈现正常波动，符合农业生产的规律，跨地域生产调整需要经历多年的适应与过渡。传统产区品种结构调整趋向优化，三产融合开始起步。产业科研投入逐年加大，技术和装备水平提升较快，信息化、智能化技术应用水平快速

1

提高，电商交易增多，数据经济已经起步。深度加工产品渐多，产业内部专业化分工逐步细化。

国内市场与消费稳中有升，消费结构正在发生变化，传统消费仍是主力，新型消费成为市场增长点。市场价格与消费偏好、质量信用关联度增强，地域及企业品牌价值逐渐体现。国际市场平稳增长，出口品类及出口地区明显增多，对欧美出口数量稳中有降，单价偏低。

2. 全国食用菌生产大省有哪些？

产量在100万吨以上的有河南（530万吨）、福建（419万吨）、山东（345万吨）、黑龙江（334万吨）、河北（302万吨）、吉林（239万吨）、江苏（219万吨）、四川（213万吨）、广西（140万吨）、湖北（131万吨）、江西（129万吨）、陕西（126万吨）、辽宁（113万吨）等13个省（自治区、直辖市）；产量在50万～100万吨的有广东、湖南、贵州、浙江、内蒙古、安徽、云南等7个省（自治区、直辖市）。年产值超过100亿元的有河南、河北、福建、山东、黑龙江、吉林、江苏、云南、四川、湖北、江西等11个省（自治区、直辖市）；年产值在50亿～100亿元的有广东、贵州、陕西、辽宁、广西、湖南、浙江等7个省（自治区、直辖市）。

与2017年相比，产量增长5%以上的省份有8个：广西66.26%、贵州45.01%、广东22.73%、甘肃14.22%、湖北13.61%、山西9.19%、云南7.55%、浙江6.74%。

3. 国内产量靠前的食用菌种类有哪些？

香菇（1 043万吨）、黑木耳（674万吨）、平菇（643万吨）、双孢蘑菇（307万吨）、金针菇（257万吨）、杏鲍菇（196万吨）和毛木耳（190万吨）排在前7位，产量占全国的86.13%，是我国食用菌主要种类；产量20万～99万吨的依次有茶树菇、滑菇、银耳、真姬菇、秀珍菇、草菇等6种。香菇产量最大，比上一年增加33万吨，增长3%。其中，河南289万吨，占全国的28.4%。黑木耳第二，产量较上一年减少10.3%。其中，黑龙江314.6万吨，占全国的47.2%，吉林161万吨，占全国的24.2%。平菇居第三位，产量比上年增加18%。其中，山东115.3万吨，占全国的17.9%，河南省111.16万吨，占全国总产量的17.24%。

4. 2018年国内各种食用菌产量有何变化？

2018年产量增加的有17个品种：榆黄菇（613%）、羊肚菌（144.77%）、大球盖菇（96.92%）、杏鲍菇（22.49%）、灵芝（22.12%）、平菇（17.65%）、茶树菇（13.98%）、北虫草（13.57%）、毛木耳（12.58%）、灰树花（8.95%）、茯苓/猪苓（8.13%）、双孢蘑菇（6.21%）、香菇（5.74%）、红椎菌（5.07%）、牛肝菌（4.32%）、金针菇（3.89%）。

2018年产量减少的有14个品种：姬松茸（－1.86%）、银耳（－3.18%）、竹荪（－5.89%）、黑木耳（－10.35%）、滑菇（－13.90%）、草菇（－15.43%）、秀珍菇（－18.08%）、白灵菇（－19.25%）、鸡腿菇（－21.42%）、真姬菇（－30.91%）、猴头菇（－31.46%）、金福菇（－71.14%）。

5. 贵州省食用菌产业发展现状如何？

2019年，食用菌产业紧紧围绕纵深推进农村产业革命、确保按时高质量打赢脱贫攻坚战目标，坚持高端化、绿色化、集约化方向，全省食用菌产业发展产销两旺、质效双升，实现持续裂变高质量发展。据行业监测，2019年全省食用菌种植规模30.9亿棒（万亩）、产量113.8万吨、产值135.9亿元，分别是2016年的5.88倍、3.91倍、4.69倍，累计带动55.5万贫困人口增收。全省食用菌产业经营主体共计766家，其中省级以上重点龙头企业33家、国家级重点龙头企业3家，初步形成黔西北、黔西南、黔东北等3个产业集聚区。食用菌生产已遍布全省85个县（区），实现了所有贫困县全覆盖。在短短的4年时间里，贵州迈入了全国食用菌年产量100万吨以上的第一梯队省份。

贵州省食用菌产业发展领导小组系统谋划并组织实施产业发展"五大工程"，主要做了以下工作：

一是菌种工程。制定年度菌种保供计划，建成24个省级栽培种生产基地和1个院士工作站。启动全省食用菌资源大普查，在40个县（市、区）收集标本5 000余份，保存活体组织2 400份。实施大宗和特色食用菌2个科技重大专项。在全国率先将食用菌品种认定制度纳入省级农作物种子条例，规范菌种流通。

二是菌材工程。推进菌材林基地建设，编制完成《贵州省菌材林基地建设规划（2019—2022年)》，计划到2022年全省菌材林基地达到150万亩，2019年完成栽植面积33.5万亩。实施优质菌材选育及种植技术科技重大专项，在安龙、道真等县建立菌棒配方优化示范基地。

三是市场主体培育工程。2019年签约项目39个，引进河北广旺、四川川野等食用菌龙头企业。全省食用菌产业经营主体共计804家，其中省级以上龙头企业33家。黔西南、黔东北、黔西北等3个产业集聚区初具规模。剑河县岑松镇、万山区敖寨乡纳入2019年国家农业产业（食用菌产业）强镇建设。成功举办"2019中国·贵州食用菌产业发展大会"。建成西南地区最大的食用菌批发交易市场——贵阳农产品物流园食用菌交易中心。

四是人才保障工程。组建贵州省食用菌发展专家组。在铜仁、毕节等地建立33个食用菌产学研基地。在15所院校中开设食用菌相关课程，2019年毕业生人数862人，计划招生2 026人。省直各部门和单位举办食用菌产业技术培训班，培训人次超过万人。

五是绿色发展工程。坚持"生态产业化、产业生态化"，总结推广菌渣肥料化等7种废菌棒综合利用模式。实施废菌棒综合利用及产业化示范科技重大专项。编制《贵州省食用菌产业发展污染防治方案》《贵州省食用菌产业发展生态环境管控方案》。

同时，组织编制、印发《贵州省食用菌产业发展规划(2020—2022年)》，明确了未来三年贵州省食用菌产业"做优做强大宗食用菌，做特做精特色珍稀食用菌，积极发展野生食用菌"的发展方向和"打造全国优质竹荪产业集群、南方高品质夏菇主产区，建成中国食用菌产业大省"的发展定位。

6. 贵州省出台的食用菌产业政策和规划有哪些？

2010年贵州省人民政府发布《关于加快蔬菜产业发展的意见》(黔府发〔2010〕23号)，2011年贵州省人民政府办公厅以"黔府办发〔2011〕52号"文件转发贵州省发展改革委员会、省农业委员会组织编制的《贵州省蔬菜产业发展规划(2011—2015年)》，启动了食用菌产业发展工作；2015年贵州省委、贵州省人民政府发布《关于加快推进现代山地特色高效农业发展的意见》(黔党发〔2015〕20号)，2016年贵州省人民政府以"黔府函〔2016〕318号"文件批复贵州省发展改革委员会、贵州省农业委员会组织实施《贵州省"十三五"现代山地特色高效农业发展规划》，进一步将食用菌产业纳入主导产业大力发展；2017年贵州省人民政府办公厅印发《贵州省发展食用菌产业助推脱贫攻坚三年行动方案（2017—2019年）》（黔府办发〔2017〕39号），突出产业扶贫和重点建设，明确了主要任务、总体目标、年度目标和重要工作，有力地推进了食用菌产业扶贫和产业建设。2017年贵州省农业委员会配套《贵州省"十三五"现代山地特色高效农业发展规划》发布《贵州食用菌产业发展规划（2016—2020年）》，对"十三五"食用菌产业进行了系统设计和安排，为产业建设和发展提供了重要指导。

2019年出台了贵州省委、省政府领导领衔推进农村产业革命《联席会议制度》和《工作制度》，成立了贵州省农村产业革命食用菌产业发展领导小组及其办公室（工作专班），由贵州省省委常委、省委组织部部长领衔推进食用菌产业发展。贵州省领导小组由省农业农村厅、省科技厅、省教育厅等20家厅（局）组成，市州、县区成立相应的领导小组和工作专班，形成省、市、县联动推进产业发展的工作机制。贵州省委十二届五次全会又将食用菌产业作为兜底产业，对深度贫困县实现全覆盖。

2020年1月2日，经贵州省政府同意，贵州省农业农村厅印发《贵州省食用菌产业发展规划（2020—2022）》（黔农发〔2020〕1号），为产业发展提供有力支撑。

7. 贵州省发展食用菌产业的优势与机遇是什么？

产业优势。贵州省委、省政府聚焦决战决胜脱贫攻坚和乡村振兴，纵深推进农村产业革命，大力发展食用菌产业，成效显著。一是产业规模快速扩大。2016年以来，全省食用菌生产规模实现裂变增长，2019年种植规模达到30亿棒（万亩）、产量达到110万吨，进入全国食用菌第一梯队，累计带动贫困人口55.5万人。全省现有食用菌企业359家、合作社407家，建成食用菌高效农业示范园区18个，初步形成产业集群。二是种类结构进一步优化。全省规模化栽培种类达30多种，占目前国内的60%以上。以香菇、木耳、平菇、金针菇、杏鲍菇和海鲜菇等为主的优势大宗食用菌发展不断壮大，以红托竹荪、冬荪、茶树菇、羊肚菌、大球盖菇和姬松茸等为主的特色珍稀食用菌加快发展。红托竹荪和冬荪产量、产值位居全国第一。三是品牌影响力日益增强。"织金竹荪""大方冬荪""黎平茯苓"等获地理标志登记保护，"乌蒙山宝·毕节珍好""梵净山珍·健康养生"等区域品牌知名度不断提升。四是组织方式日趋完善。通过政府引导、市场主导，大力推广"龙头企业+合作社+农户"的组织方式，推进产业规模化、标准化发展，组织化生产已占全省规模的80%以上，与农户的利益联结机制日益紧密。五是自然生态优势明显。贵州生态环境优良，森林覆盖率达57%，立体气候特征突出，区域气候资源丰富，夏秋冷凉，温、光、水、气条件特别适宜各类食用菌生产。

发展机遇。一是国内外市场环境有利。我国食用菌国际市场竞争力在过去十年稳步提升，国内食用菌产业呈现"东菇西移"趋势。贵州抢抓产业转移及东西部扶贫协作机遇，大力发展食用菌产业，食用菌已销往广东、上海、重庆、香港等地，并出口日韩、东南亚及欧美等国家和地区，销售渠道不断拓展，市场竞争力不断增强。二是政策环境条件有利。贵州省相继出台《贵州省发展食用菌产业助推脱贫攻坚三年动方案（2017—2019年）》《贵州省乡村振兴战略规划（2018—2022年）》《省委省政府领导领衔推进农村产业革命工作制度》《中共贵州省委贵州省人民政府关于深入推进农村产业革命坚决夺取脱贫攻坚战全面胜利的意见》等政策，各地也出台相应政策，在产业发展专项资金、食用菌科技重大专项、冷链物流、菌材林基地建设等方面给予大力支持，形成了省市县联动推进产业发展的工作机制。

气候条件。贵州生态环境优良，空气清新、水质洁净，气候温和湿润，冬无严寒、夏无酷暑，山地立体气候明显，适宜不同种类食用菌生长，可实现周年化生产。尤其夏秋气候凉爽，在南方独具生产优势。

交通条件。贵州是西南地区重要交通枢纽，是西北、西南省区通往沿海的重要中转过境地，在西部率先实现"县县通高速"，贵阳正在建成全国高铁十大枢纽，"市市有高铁"即将全部建成，民用航空已实现"市市有机场"，不断改善的交通条件为贵州食用菌产业发展带来了难得的机遇。

8. 贵州省发展食用菌产业的指导思想是什么？

以习近平新时代中国特色社会主义思想为指导，深入贯彻落实省委省政府关于深入推进农村产业革命的决策部署，全面贯彻新发展理念，坚持高端化、绿色化、集约化发展，以农业供给侧结构性改革为主线，紧紧围绕助推决胜脱贫攻坚、同步小康，全面落实产业发展"八要素""五步工作法"，坚持"稳增长、稳基础、稳政策、提质量、提效益、防风险"，坚持"强龙头、创品牌、带农户、促增收"，做优做强大宗食用菌，做特做精特色珍稀食用菌，积极发展野生食用菌，系统化推进、规模化布局、组织化生产、集中化投入、绿色化发展、市场化营销，全面提升菌种、菌材供给能力，培育壮大龙头企业，加强科技人才保障，推进产业创新发展、集约发展、持续裂变发展，延伸产业链，促进全省食用菌产业质量更高、效益更好、竞争力更强，让更多贫困群众通过发展食用菌摆脱贫困、走向富裕。

9. 贵州省发展食用菌产业的基本原则是什么？

坚持产业扶贫，联动发展。聚焦贫困地区特别是深度贫困地区，不断完善企业、合作社与菇农利益联结机制，确保菇农持续稳定增收，带动群众脱贫致富，将食用菌产业由"扶贫产业"转变为"富民产业"。

坚持产业集聚，融合发展。推动食用菌产业从分散布局向集群发展、集聚发展，探索食用菌生产、加工与康养、旅游、餐饮、休闲等新业态融合发展，多途径提升产品附加值，实现一、二、三产业深度融合。

坚持质量安全，绿色发展。严把菌种、菌棒质量安全关，以质为本、以质创优，实施绿色防控，打造标准化基地，生产绿色产品，资源化利用废菌棒（袋）。加强质量安全监管，保障产品质量安全，推动产业高质量发展。

坚持科技支撑，创新发展。整合资源，加强产学研、农科教结合，加强食用菌创新团队建设，着力提升自主创新能力。夯实基础性研究工作，示范推广新品种、新技术、新设施、新材料，不断提高科技水平。

坚持龙头带动，品牌发展。大力引进和培育经营主体，积极开拓市场，抓好产销对接，带动产业发展，不断提升产业竞争力。加快培育公用品牌，扶持名优品牌，建立健全品牌运行与推广机制，提升贵州食用菌的知名度和影响力。

10. 贵州省食用菌产业目标定位是什么？

优化种类结构和区域布局，大力推广"龙头企业+合作社+农户"组织方式，加快规模化、标准化基地建设，鼓励发展"稻—菌""菜—菌""林—菌"等立体、多元、复合生产模式，推动食用菌产业发展向现代市场经济转变、向高效经济转变、向集约规模转变、向现代商贸物流转变、向紧密相连的产业发展共同体转变、向一、二、三产业融合发展转变，推进食用菌产业持续裂变发展，打造全国优质竹荪产业集群、南方高品质夏菇主产区，建成中国食用菌产业大省。

11. 贵州省食用菌产业发展方向是什么？

围绕"做优做强大宗食用菌，做特做精特色珍稀食用菌，积极发展野生食用菌"总体发展方向，突出品质高端、绿色生态、质量安全，推动产业发展由数量增长向高质量提升转变，产业布局由广泛覆盖向优势区域集中。

做优做强大宗食用菌。以香菇为重点，优化木耳、平菇、海鲜菇、杏鲍菇等优势大宗食用菌种植结构。大力推广工厂化制棒、园艺式栽培、规模化生产、集约化管理，配套完善生产大棚、冷链物流、产地加工等基础设施，巩固扩大规模化、标准化生产基地，推动高质量发展。突出夏秋冷凉生产优势，加快建成南方高品质夏菇主产区。

做特做精特色珍稀食用菌。以红托竹荪、冬荪为重点，进一步扩大茶树菇、羊肚菌、姬松茸、长根菇、灰树花等特色珍稀食用菌种植规模。提升菌种繁育、生产栽培、产品加工等方面的自主创新和成果转化能力。通过区域集聚、规模集聚、要素集聚，打造全国优质竹荪产业集群。推进高端化发展，不断提升贵州特色珍稀食用菌影响力和竞争力。

积极发展野生食用菌。开展全省菌类资源普查，摸清野生菌的种类、分布、贮量等。加强野生菌资源保护，建立种质资源保护区。加强野生食用菌资源开发利用，在资源丰富地区建立野生食用菌保育示范基地，引导规范采集，加快人工促繁技术研究及推广，提高产量和商品化率。因地制宜建立林下仿野生栽培基地，促进多元化发展。

12. 贵州省食用菌产业布局是什么？

围绕各地自然资源禀赋、产业基础和发展潜力等，进一步优化5大产业带，打造3个产业集群、1个产品集散交易中心。

（1）5大产业带布局。

①黔西北、黔西乌蒙山区食用菌产业带。包括纳雍、大方、威宁、黔西、织金、赫章、水城等县。区域内气候温凉，是夏菇生产的优势区域，重点发展红托竹荪、香菇、冬荪、木耳、羊肚菌、金针菇、海鲜菇、杏鲍菇等野生食用菌。

②黔北、黔东大娄山-武陵山区食用菌产业带。包括道真、播州、印江、玉屏、德江、碧江、万山等县（区）。区域内海拔较低，热量条件较好，重点发展香菇、木耳、杏鲍菇、茶树菇、平菇、羊肚菌、冬荪、红托竹荪、双孢蘑菇等及野生食用菌。

③黔东南、黔南苗岭食用菌产业带。包括剑河、锦屏、台江、从江、贵定、三都、黎平等县。区域内温度较高，适宜秋冬和冬春生产，重点发展香菇、木耳、茯苓、黑皮鸡枞菌、羊肚菌、平菇、灵芝、大球盖菇、灰树花、双孢蘑菇、草菇、红托竹荪等及野生食用菌。

④黔西南喀斯特山区食用菌产业带。包括安龙、兴义（含义龙新区）、晴隆、贞丰等县。区域内夏菇生产条件好，产业规模相对较大，从业人员较多。重点发展香菇、红托竹荪、姬松茸、平菇、木耳、海鲜菇、秀珍菇等及野生食用菌。

⑤黔中山原山地食用菌产业带。包括西秀（含经开区）、紫云、关岭、白云、开阳等县（区）。以贵阳为中心，依托省会城市优势，形成集新技术研发推广、精深加工、市场物流、休闲体验等多种新业态的产业带。重点发展香菇、红托竹荪、羊肚菌、平菇、双孢蘑菇、秀珍菇等及野生食用菌。

（2）3个产业集群。

①黔西北食用菌产业集群。以织金、纳雍、黔西、大方、威宁、水城为核心区，打造以红托竹荪、香菇、冬荪为主，其他特色种类为辅，园艺式栽培与工厂化栽培协同推进，带动赫章、六枝、普定、金沙、赤水、仁怀、桐梓等地发展的产业集群。

②黔西南食用菌产业集群。以安龙、兴义（含义龙新区）、晴隆、贞丰为核心区，打造以香菇、红托竹荪为主，其他特色种类为辅，带动兴仁、册亨、望谟、普安、盘州、紫云、关岭等地发展的产业集群。

③黔东食用菌产业集群。以印江、玉屏、万山、碧江为核心区，打造以香菇、木耳为主，其他特色种类为辅，带动石阡、德江、思南、松桃、江口、剑河、台江、天柱、锦屏等地发展的产业集群。

（3）1个产品集散交易中心。

贵州食用菌集散交易中心。以贵阳为核心，打造贵州食用菌集散交易中心，带动发展五大产业带区域性集散中心建设。

（贵州省食用菌产业发展工作专班供稿）

二、食用菌生产基础知识

13. 食用菌是什么？

食用菌是指可供人食用的大型真菌，一些大型真菌兼有药用功能和营养功能，称为食药用菌。目前，国内已实现人工栽培或半人工栽培的食用菌超过90种。

14. 食用菌的营养方式包含哪几种？

营养方式主要包含腐生、共生和寄生3种。

15. 腐生型食用菌的特点是什么？

腐生型真菌菌丝通过分泌各种胞外酶，将死亡的植物残体分解、同化，从中获得养分。根据腐生型食用菌对植物残体的嗜好性不同，可分为木腐菌和草腐菌。目前，人工栽培食用菌大多数属于腐生型真菌。

16. 共生型食用菌的特点是什么？

许多名贵的食用菌和药用菌属于共生菌，如松茸、松露、美味牛肝菌、红菇、松乳菇等，共生型食用菌是指菌丝与植物根系形成菌根，食用菌和植物相互受益，菌根上菌丝能提高矿物质的溶解度，促进植物吸收，保护植物免受病原菌侵袭，而菌丝也可以从植物中获取营养。人工栽培难度较大，以野生抚育为主。

17. 寄生型食用菌的特点是什么？

此类食用菌一般较少，最为出名的是冬虫夏草菌。冬虫夏草为冬虫夏草菌寄生于蝙蝠蛾幼虫形成的虫菌复合体，虫体内部被菌丝充满，称为菌核，翌年夏季从虫体头部长出真菌的子座组织。

18. 什么是草腐菌？什么是木腐菌？

自然界部分食用菌在土壤腐殖质上生长和发育，主要依靠降解草本植物残体营腐生生活，称为草腐食用菌，简称草腐菌，如双孢蘑菇、草菇、姬松茸等；在死亡的树木上营腐生生活，称为木腐食用菌，简称木腐菌，如香菇、黑木耳等。

19. 食用菌栽培有何发展趋势？

食用菌的栽培种类日趋多元化，栽培技术精细化，栽培品种更具特异性，栽培工艺轻简化和机械化，栽培管理自动化和信息化。

20. 食用菌的人工种植方式有哪些？

食用菌的人工种植方式有园艺栽培、仿野生栽培、工厂化栽培。其中园艺栽培是最常见的模式，使用大棚或露地栽培，贵州省内主要品种有香菇、黑木耳、平菇、茶树菇等。

21. 食用菌的仿野生栽培是什么？

食用菌的仿野生栽培是指以最大限度接近野生生态环境、减少人为干扰、遵循食用菌自然生长规律为前提的基础上进行的规模化生产，其制种、接种、养菌过程和常规人工栽培基本相同，在出菇环节模仿原来的生态环境进行出菇管理，使产品具有野生菇的色泽和风味。贵州省内主要品种有冬荪等。

22. 食用菌的工厂化栽培是什么？

食用菌的工厂化栽培是指采用工业化设备和技术，在可控的环境条件下，实现食用菌规模化、标准化、周年化生产。贵州省内主要品种有金针菇、海鲜菇、杏鲍菇等。

23. 栽培食用菌对产地环境有什么要求？

食用菌人工栽培或野生食用菌的产地的土壤、空气、灌溉水质量等环境应符合《绿色食品 产地环境质量》（NY/T 391—2013）的要求，选择生态环境良好、无污染、远离工矿区、公路和铁路干线，避开污染源，坐北朝南，有适量的散射光且通风良好，具有可持续生产能力的农（林）业生产区域。

地势高，平坦或略成斜坡，通风向阳，山势坐北朝南，雨天不积水，易排涝。

基地用水应符合《绿色食品 产地环境质量》中规定的农田灌溉水质标准。基地水源充足，能保证食用菌生产、管理等需水；雨季能排渍，防洪有保障，排水有出路。

环境空气质量应符合《绿色食品 产地环境质量》中规定的空气质量标准。根据适地适栽的原则，考虑年最高、最低气温，平均气温及年积温，还有灾害性天气。

24. 栽培食用菌对基地有什么要求？

出菇棚要选择在近河流，空气流畅，四周宽阔，远离禽畜养殖场、酿造厂、生活区、医院、垃圾场的场地。场地要采取翻土、晒土、灌水等措施取代农药消毒。水源水质要求选择清洁的井水、自来水，远离污水源。

菇棚要求棚体牢固、地势较高、排水畅通，棚内不积水。覆盖塑料薄膜、遮阳网，设有通风口、人行便道。菇棚走向坐北朝南，建设单体棚或连栋大棚，菇棚间距不少于3米。单体棚宽度6～8米，长度一般为30米；连栋大棚，不宜过大，避免通风不畅。菇房内可根据栽培种类的不同设置菇床、床架或其他栽培设施。

建造专用的发菌室或发菌棚，要充分注意到食用菌发菌期的生长特点和菌体的码放方式。注意以下几点：保温散湿性好、便于覆盖物的调节、通风良好、避风沙。

25. 建设菌种厂要注意哪些问题？

食用菌的菌种制作是食用菌栽培的核心，直接影响到栽培产量的高低、质量的优劣及基地的经济效益。在进行菌种场规划时，要考虑菌种场的规模与基地最大生产量相适应；另一方面，考虑到食用菌菌种的重要性，在进行菌种场布局时尽量与食用菌生产基地中其他区域分隔开，进行封闭式独立生产，尤其是要远离污染源。此外，根据微生物在空气中传播的特点，菌种场应设置在当地风向的上风口。具体实施可参考《食用菌菌种场建设规范》（DB33/T 929—2014）。

26. 食用菌栽培主要注意哪几个方面？

（1）品种选择。根据当地的气候条件、资源禀赋，因地制宜选择合适的栽培种类、品种、栽培模式。

（2）菌种选择。选择适合本地气候特点、高产、优质、抗逆性强、菌丝生活力强、无杂菌、无虫害的菌种。

（3）栽培料准备。食用菌栽培的原料中的杂木屑不能混有松、杉、樟等有芳香气味和有害物质的树种，不能腐烂变质，霉变结块。麦麸、黄豆粉、玉米芯、棉籽壳等原料应新鲜、干燥、无霉变、无异味。

（4）菌棒制备。

工艺流程：培养料的贮备和预处理→栽培料制作→灭菌→冷却→接种→培养→贮存。

根据栽培季节，提前准备制备栽培种，装袋灭菌后接种。灭菌可高压蒸汽灭菌或常压蒸汽灭菌。

（5）发菌期管理。保证环境清洁、干燥、通风、适温，根据品种的不同，采用翻堆、通风、控温设备控制发菌温度，确保发菌速度和品质，及时处理被污染的菌棒。

（6）出菇期管理。出菇期注意温度、湿度、光线和环境控制。

①湿度控制。在子实体发育期间，空气湿度85% ～ 90%为宜。栽培过程中以喷雾方式加水，湿度过大时适时通风。

②温度控制。温度是影响食用菌生长发育的重要因素，生产中目前多利用自然季节栽培，主要是根据自然温度条件安排生产，通过适当的通风、增加覆盖物等措施调节温度。

③光线控制。食用菌对光的需求不强，菌丝体可以在黑暗条件下生长，一定的散射光能刺激子实体的形成，忌强光直射，光线可通过大棚的覆盖物控制。

④环境控制。出菇期间及时清理死菇、烂菇，及时清除受污染菌棒。

27. 食用菌病虫害管理要遵循什么原则？

病虫害的防治遵循"预防为主，综合治理"的原则，生产采用生态调控和物理调控，禁止使用任何农药。土壤和棚室消毒严禁使用违禁农药。

（1）生态调控。①木腐菌和草腐菌宜分场所制种和种植；②换茬，轮作，切断病虫食源；③选用抗病虫性强的品种，培育生活力强、高纯度的菌种；④保持环境清洁干燥；⑤同一菇房，同一品种，同期出菇。

（2）物理调控。①强化基质灭菌或消毒处理，保证熟化菌袋达到纯无菌程度；②规范接种程序，严格无菌操作；③安全发菌，防止杂菌害虫侵入菌袋。

28. 如何进行食用菌的采后处理？

（1）设施设备。根据产品销售需求，配置必要的预冷车间，分级、烘干、包装等采后商品化处理场地及配套的设施，如建立冷链系统，实行运输、加工、销售全程冷藏保鲜。

（2）分等分级。按照食用菌不同品种的等级标准，统一进行分拣、筛选、分等分级，确保同等级品种的质量、规格一致。

（3）包装与标识。产品须经统一包装、标识后方可销售。标识应当按照规定标明产品的品名、产地、生产者、生产日期、采收期、产品质量等级、产品执行标准编号等内容。包装材料不得对产品造成二次污染。

29. 食用菌国内目前有哪些知名网站？

中国食用菌协会网（http：//www.cefa.org.cn/）；
中国食用菌商务网（http：//www.mushroommarket.net/）；
贵州果蔬网（http：//www.guizhouguoshuwang.com）；
易菇网（http：//www.emushroom.net/）。

30. 贵州省食用菌产业是如何布局的？

贵州省食用菌的产业布局见表2-1。

表2-1 贵州省食用菌产业布局

品种		种植季节	参考布局内容
特色珍稀品种	红托竹荪	中温型品种，春季栽培，3～11月出菇	贵州省海拔800～1 500米区域，南部低热河谷冬季栽培，冬春季节出菇（11月至翌年3月）
	冬荪	低温型品种，11月左右播种	贵州省海拔1 400米以上区域，仿野生栽培
	羊肚菌	羊肚菌为低温型品种，11月播种，翌年春季采收	乌蒙山、大娄山、武陵山、苗岭和黔中山原山地等区域

（续）

品种		种植季节	参考布局内容
特色珍稀品种	姬松茸	为中高温型品种，草腐菌	黔西南州、黔南、黔东南、铜仁、遵义等中低海拔区域
	灰树花	中温型品种，恒温结实，工厂化生产为主	贵州省海拔800~1 500米区域
	灵芝	①赤芝和紫芝栽培（低热河谷区5~10月栽培）②白肉灵芝（低热河谷区11月至翌年4月栽培，中高海拔区5~10月栽培）	赤芝和紫芝布局在海拔800米低热河谷区，白肉灵芝布局在海拔1 500米以上的中高海拔区或低热河谷冬季栽培
	茶树菇	中温型品种，栽培季节为春、秋两季	贵州省海拔800~1 300米，茶和油茶主产区可周年生产
	猴头菇	中偏低温型恒温结实性品种，栽培季节一般是春、秋两季	贵州省海拔800~1 500米区域
大宗品种	香菇	广温型品种，在贵州根据不同的海拔地带可以实现周年生产及供应	中低海拔地区，以春栽、秋栽为主；高海拔地区以夏栽为主
	金针菇	低温恒温结实性品种，工厂化周年生产	布局中高海拔区域
	平菇	广温型品种，非工厂化周年生产	中低海拔春节期间供应新鲜平菇，中高海拔夏季（5~9月）平菇市场效益好
	黑木耳	中温型品种，恒温结实，春、秋两季出耳	阳光条件好的地区如威宁，可采用全光照出菇，阳光条件差的区域可采用半避雨式栽培
	海鲜菇	工厂化周年生产	布局中高海拔区域
	双孢蘑菇	双孢蘑菇为低温型品种，大棚种植或工厂化种植	工厂化周年栽培布局在中高海拔区
	大球盖菇	大球盖菇为中低温型品种，秋季种植，秋、冬、春季出菇	秋冬栽培可安排在低海拔区域，春夏栽培可安排在中高海拔区。可实现周年生产

（续）

品种		种植季节	参考布局内容
野生菌	牛肝菌 紫花菌 奶浆菌 鸡枞菌 马桑香菇 鸡油菌 马蹄菌	周年抚育、生产	贵州省林区

（贵州省食用菌产业发展工作专班供稿）

三、贵州重点发展食用菌品种栽培技术

▶ **（一）香菇**

31. 香菇在中国起源于哪里？

在中国，香菇人工栽培已有800多年，最早是浙江省庆元县百山祖乡龙岩村，一位叫吴三（生于南宋建炎年间，公元1127年）的农民发现，并完成从选场到惊蕈催菇一套完整的人工栽培香菇技术，即砍花法。他的这一重大发现，打开了食用真菌的宝库。

香菇到明代已闻名遐迩。据传明洪武元年，明太祖朱元璋奠都金陵（今南京市），因久旱祈雨而素食，苦无下箸之物，刘伯温（浙江青田人，御史中丞）以香菇进献，太祖食之大喜，降旨令每年置备若干作贡品，得知是龙泉、庆元、景宁三县农民所产，还恩准三县以制菇之专利，故数百年间，从事香菇生产的多为浙江龙龙泉、庆元、景宁三县菇民。

32. 香菇的栽培方式是如何演变的？

第一次是由砍花法自然野生孢子接种变为人工培育纯菌种接种段木栽培香菇。自吴三公发明砍花法以来，香菇栽培技术一直没有创新，直到 1956 年由上海农业试验站（上海农业科学院食用菌研究所的前身）陈梅朋，成功地提取纯菌丝菌种，进行段木栽培，产量较原来砍花法提高了 1～5 倍。食用菌界内人士习惯把这次香菇栽培方式的改变称为香菇史上的第一次大变革。

第二次是由段木栽培变为代料栽培香菇技术。20 世纪 70 年代末，上海何园素和王曰英，进行了木屑压块栽培技术，当时种植面积达到 5.6 万米^2，后由福建省古田县的彭兆旺用塑料袋栽培，与压块栽培相比，工序简单、效益高，而得到推广，从原木、段木栽培香菇变为室内压块栽培，再到秋季菌棒大田荫棚露地栽培香菇，以迟熟品种春季栽培香菇，操作工序越来越简单化，单产和效益越来越高。这就是香菇栽培史上的第二次技术重大变革。这次变革意义很大，使我国香菇产量在 1989 年首次超过日本，1991 年以后我国香菇产量就居世界首位。

第三次是代料栽培花菇技术。20 世纪 90 年代初期，科研人员发现的花菇成因，并且浙江省庆元县食用菌科研中心吴克甸为首的技术团队成功培育出了花菇品种 9015，后来在全国推广应用。代料栽培花菇技术的成熟就是香菇发展史上的第三次技术重大变革，即香菇质量提升技术上的革命。

33. 香菇在食用菌中的地位如何？

据统计，2016 年度我国香菇总产量为 898 万吨，占中国食用菌总量的 30%，产值达 1 100 多亿元，从业人员达 1 000 多万人。香菇是我国生产区域最广、总产最高、影响最大的菇类。香菇的地位不仅体现在产量上，还在于香菇产业的发展对我国山区农民脱贫致富的贡献，以及对山区乡村产业振兴的带动上。目前，国内不少贫困地区利用当地丰富的资源优势，把香菇种植作为当地的脱贫产业，香菇正成为我国南北方贫困地区实施产业精准扶贫的助农增收、脱贫摘帽的主导产业。

34. 在发展过程中，香菇产业有哪些制约因素？

主要表现为香菇产业缺乏整体规划，宏观调控乏力；科技进步和专业技术人才跟不上产业的发展速度；香菇生产中人工成本迅速上升，生产效益下降；缺少有一定规模的有技术的企业引领香菇产业健康发展。

35. 我国香菇产业未来的发展模式是什么？

我国香菇产业未来的发展模式有：专业化分工、集约化生产、品牌创建、颠覆性创新。在香菇产业链中，专业化建设基础设施、制造机器设备、供应原辅材料、培育优良菌种，集约化生产菌棒，适度规模出菇管理，产品集中回收、加工、销售，培育优质企业，创建食用菌品牌，技术不断创新。

36. 香菇产业发展的趋势是什么？

由于劳动力因素的影响，从20世纪90年代初期开始，香菇产业一路向北方转移，在河南、河北及东北三省等地区发展得有声有色；从2000年左右开始向西转移，到了四川、云南、贵州等省，即"南菇北移"和"东菇西移"。

37. 香菇在贵州的发展机遇有哪些？

（1）一增一减给贵州省发展香菇带来的历史机遇。世界香菇消费量持续增长，近年来我国的香菇消费也出现增长，增长率达15%以上，而大基数的老产区由于产业转型，有一定程度减少，贵州、四川等新产区新增的香菇产量无法填补市场缺口。

（2）可周年生产，生态环境优良。贵州省气候优势突出，一方面利用高原冷凉的气候进行周年出菇栽培，一方面利用立体气候进行合理布局，实现周年出菇，实现全年都有鲜品供应，而贵州之外的大部分香菇产区不能做到。

38. 香菇栽培的关键环节与注意事项有哪些？

（1）优良品种的培育和管理。目前贵州省的香菇菌种来自全国各地，大多数没有经过出菇试验，也没有相对应的配套种植技术，存在很大的风险隐患。

（2）菇木林的培育。香菇是依赖阔叶林木资源的产业，目前贵州省的资源已经满足不了发展的需要，而贵州省本地的桦树、构树生长速度快，适应能力强，适合香菇种植，在退耕还林进程中重点安排，成林后，1亩①地可砍伐2吨，以400元/吨计算，亩产保底收入可达到800元以上，是贫困户长期稳定的收入来源。

（3）加大支持良种良法的研究与推广应用能力建设。

---

① 亩为非法定计量单位，1亩=1/15公顷。——编者注

39. 香菇的标准化栽培技术要注意哪些方面?

①生产环境要达到《绿色食品 产地环境质量》(NY/T 391—2013)的要求。周围5千米范围内没有规模化养殖厂，20千米内没有工矿污染源，离公路、铁路主干线100米以上，周围没有农作物种植，或中间有50米以上的防护隔离带，可确保不被农业交叉污染。

②水源达到"饮用水"标准。

③原材料禁止使用污染区域生产的原材料，包括阔叶杂木屑、玉米芯、麦麸、石膏。

④选择优良的菌种。

⑤不使用农药和化肥。

⑥规范化生产与管理，防止交叉污染。

40. 贵州香菇产业布局、栽培模式和品种选择有哪些特点?

(1) 栽培模式和品种选择。在贵州，全省都适合栽培香菇。建议海拔在1 600米以上的区域选择层架式立体栽培周年出菇模式，选择香菇808，或秋冬菇选择808，夏菇选择庆科212 (0912)；海拔在1 100～1 600米的区域选择落地式栽培周年出菇模式，秋冬菇选择808，夏菇选择庆科212 (0912)，或选择层架式立体栽培冬季出菇模式选择808；海拔在1 100米以下的区域选择层架式立体栽培冬季出菇模式选择庆科212 (0912)。

(2) 各种模式的出菇大棚建设关键控制点。层架式出菇大棚肩高不少于2.5米，棚与棚的间距不少2.0米，落地式出菇大棚肩高不少于1.7米，棚与棚的间距不少1.5米。

（3）关键控制点。香菇栽培过程中，要根据不同的海拔高度和不同的出菇季节需求选择不同的栽培模式（层架式立体栽培和落地式单层栽培）；选择适合本地气候特点、高产、优质、抗逆性强、菌丝生活力强、无杂菌、无虫害的菌种；组建与基地规模相适应的生产管理技术团队。

41. 栽培香菇的原材料如何选择？

（1）木屑。利用阔叶杂木及其边皮料加工，不得混有松、杉、樟等含有芳香气味和有害物质的树种，木屑的粗细度以0.3～0.8厘米为标准，加工好的木屑不得长期雨淋，应手握无结块、无霉烂感，鼻闻无霉味和其他异味。实践证明，颗粒状的粗木屑优于细木屑；硬杂木屑优于软杂木屑。需注意的是：木屑一定不能腐烂变质、霉变结块。

（2）麦麸。定点采购，选择通过SC认证的面粉企业，以当年加工、新鲜、手触摸有细腻感、不霉烂、无霉味、不结块、没有混入异物的麦麸为合格品。

（3）石膏。生石膏是发亮的细颗粒，熟石膏是白色粉末，无受潮结块，pH为弱酸性，呈碱性为不合格品，能做成石膏板或能用于做豆腐。

（4）黄豆粉。用干燥新鲜、无霉变的黄豆粉碎成细粉。

（5）玉米芯。选用颗粒在0.5厘米左右、干燥、不霉烂、无霉变、没有混入其他异物的玉米芯。

42. 栽培香菇的菌棒如何制作？

（1）培养料配方。杂木屑49%、玉米芯30%、麦麸20%、石膏粉1%，含水量50%～55%或杂木屑77%、麦麸20%、黄豆粉2%、石膏粉1%，含水量50%～55%。

（2）培养料配制。

①称量。按培养料配方把原料与辅料称量好。

②拌料。可分为机械拌料和人工拌料。机械拌料，按比例量，先倒一半木屑，再加入一半麦麸和石膏，然后再倒另一半木屑和麦麸石膏，干拌5～10分钟，再加适量的水湿拌10～15分钟，以拌均匀为准。手工拌料，先按配方称量好各种主原辅料，先干拌两次，再浇适量的水湿拌2～3次，以均匀为准。保证含水量在50%～55%，pH为7～7.5。

③关键控制点。拌料时，料水比例一定要合理，不大不小最好，宁偏干勿过湿。若培养料含水量过大，则透气性差，菌丝生长受影响，产量降低。

（3）装袋。培养料配制完成后，采用规格为15厘米×55厘米的聚乙烯筒袋（高压灭菌时使用聚丙烯袋）装料1.75～1.85千克，或16厘米×55厘米聚乙烯筒袋装料2.1～2.25千克。袋口要求干净并扎紧，装袋时注意袋内料的松紧度适中，过紧，则影响透气性，培养慢；过松，则导致单产降低，影响效益。对于新手来说，若做不到松紧适中，则宁紧勿松。

（4）灭菌。灭菌是将料袋内的一切生物用高温杀灭的过程，采用常压或高压灭菌，采用常压蒸汽灭菌，灭菌灶"上汽"后，料温在97～100℃的状态下保持20小时，高压灭菌121℃保持7小时，焖锅2～3小时。

关键控制点：①装好的料袋不可久置应马上灭菌，以免培养料酸败，特别是在夏季更应注意；②要大火供热，温度达到灭菌温度要求后要保持平稳；③灭菌前，菌棒在搬运中一定要轻搬轻放，决不可野蛮装卸，防止料袋出现破损；④当灭菌结束，停火焖锅2～3小时使其自然降温冷却，然后出锅；⑤灭菌效果正常的菌棒表现为深褐色，有特殊香味，无酸臭味；⑥袋内培养料 pH 为 6.5 ~ 7，并有轻微皱曲现象。

生产实践中，一些新的栽培厂家，最容易出的问题就是在灭菌这个环节。因此，菌棒生产中，灭菌人员一定要责任到位，不能出问题。

（5）冷却。灭菌结束后，待灭菌锅内温度自然降至50 ~ 60℃时，将料棒搬到冷却室进行冷却，待料温降到28℃以下时接种。

（6）接种。

①菌种挑选与处理。菌种在使用前要进行挑选、处理，这点非常重要，也是广大食用菌栽培者最易忽视的问题。生产实践中发现，培养期间有大批菌棒接种口处有杂菌感染，大概率问题出在菌种上。因此菌种在使用前要有专人认真挑选，挑选人员要有多年菌种生产经验。挑选好的菌种在使用前要进行处理，处理方法是：先用 0.5% ~ 1% 的甲醛溶液洗去菌种表面的灰尘及杂菌孢子，再将菌种浸入 3% 的二氯异氢尿酸钠溶液中，几秒钟后捞出，用 3% 的二氯异氢尿酸钠溶液清洗干净的毛巾，擦干菌种袋表面的水分，备用。此过程中，若菌种袋表面及棉塞潮湿，没有关系，但要防止消毒液浸入菌种中。

②消毒。采用过滤除菌或气雾消毒盒消毒，要确保接种环境清洁。用 75% ~ 78% 的酒精对接种用具和接种者双手擦洗消毒。

③打穴接种。在菌棒上用接种棒均匀地打 3 个直径 1.5 厘米左右、深 2 ~ 2.5 厘米的接种穴，再把菌种掰成三角形按到接种口并压平，不留空隙。

④接种机器接种。要保证接种的环境达到净化标准，接种机器要做好清洁消毒工作。

⑤接种箱接种。接种箱接种是我国广大农村一家一户栽培食用菌最常用的接种方法，缺点是一次接种数量小，操作不便。接种箱接种的原理和方法同接种室大同小异，但请注意以下几

点：A.接种箱密闭性要好，接种箱的套袖要用不易透气的布料
做成；B.对于旧接种箱要先用水冲洗晒干再进行一次熏蒸消毒，
熏蒸用药量是平常的2倍，新接种箱也应熏蒸一次；C.接种箱尽
量放在干燥、干净、密闭性好的房间内，也可将接种箱放入塑
料大棚内接种，但塑料大棚一定要干燥，同时要求大棚要提前
晾晒并熏蒸消毒一次。

43. 接种好的香菇菌棒如何培养？

菌丝培养是指菌棒接种后到菌丝长满、培养成熟的整个过
程。香菇菌丝培养期内，不管是在室内，还是塑料大棚，最重
要的是：干净、干燥、通风、适温。

①香菇菌棒培养场所消毒处理。不管是在室内，还是在大
棚里培养，都要先将场所打扫干净，若是水泥地面，最好用石
灰水冲洗干净，冲洗后要通风晒干。若是以新建成的塑料大棚
作为菌棒培养场所，关键要通风干燥；若是以种过食用菌的旧
塑料大棚作为菌棒培养场所，在使用前要用饱和石灰水全面冲
洗塑料膜及覆盖物，再风吹日晒1周，之后使用。需要指出的
是，不管是旧的培养车间，还是旧的塑料大棚，通风干燥都是
最好的消毒方法。这种方法既经济又环保。

②温度。菌棒的培养温度尽量控制在20 ~ 25℃，菌棒内的
最高温度不能超过30℃，最低温度不能低于5℃。冬季，若棚内
温度低，则可少通风，通过暖气加温或阳光增温。暖气增温要
注意避免局部高温，阳光增温要注意不能让阳光直射菌棒，可
在塑料大棚内放一层遮阳网，通风时间在上午10时至下午4时。
夏季主要管理措施是降温，降温的方法是：在早晨和晚上进行
通风，通风时间为下午6时至翌日上午8时。如果遇到下雨及大
风天气，可适当不通风或少通风，为了降温，白天可将覆盖物

盖好，并在上边浇凉水降温，晚上可将整个覆盖物卷起，加大通风量，以达到降温的目的。

③湿度。菌丝没有长满整个菌棒时，决不能直接向菌棒表面浇水，湿度越低越好。当菌棒已经排完气，且菌棒的自身重量比装袋时下降了15%以上时，应适当保持培养场所的湿度在70%左右，这样的环境有利于菌棒维持一个合理的含水量，有利于菌丝健壮的生长，可以平均提高单产。

④空气。香菇是好氧型真菌，在菌丝生长过程中，需要吸收大量氧气，呼出大量的二氧化碳，因此，不管培养场所的温度高低，都要适当地通风换气，保持培养场所的二氧化碳浓度在900毫克/千克以下。

⑤光线。香菇菌丝生长过程不需要光线，特别是不能有直射阳光，但散射光有促进香菇菌棒转色的作用，因此，在香菇菌棒转色过程中可适当增加散射光。

⑥污染菌棒处理。在培养过程中发现菌棒感染杂菌，如感染率不超过5%，属正常范围。当香菇菌棒经一段时间的培养，菌丝圈直径达到6～8厘米时，进行第一次翻堆，拣出被污染的香菇菌棒，及时处理。具体做法是：把已经污染的菌棒不脱套袋，直接运送到灭菌房，进行灭菌处理，把经灭菌处理的污染菌棒破碎，并加入生石灰粉，调节pH至7～7.5，再按不超过20%的量添加到新料中，继续生产香菇棒或改作生产其他食用菌的菌棒，经处理的废弃料要在当天使用，不能长期堆放，否则会很快的生长其他杂菌而导致污染环境或直接烧毁污染菌棒，以防交叉感染。

⑦菌棒刺孔增氧。菌棒培养需要新鲜空气，菌棒培养场所要结合温度情况进行适当的通风换气。当接种口菌丝圈直径长到6～8厘米时，要将菌棒的塑料套袋脱掉，当菌丝长满全袋后要进行刺孔通气。刺孔通气技术要求：刺孔针的直径在3～8毫

米，刺孔深度超过菌棒半径，808品种的刺孔数量在60～80个，蓝梦1号和庆科212等短菌龄品种的刺孔数量在40～50个。

⑧关键控制点。培养场所温度超过28℃时不能刺孔，温度在23～27℃时要分批刺孔，未长满菌丝的菌棒不能刺孔，菌棒已污染杂菌的部位不能刺孔，刺孔后应减少单位面积的堆放量。

⑨转色管理。因种植品种不同而培养期长短不同。菌棒菌丝长满后要给予一定的散射光刺激转色，转色期间及时排除袋内的黄水，防止烂筒。

长菌龄品种的菌棒袋内有70％～80％表面积转为褐色，有黄水出现，短菌龄品种的菌棒表面已有15％～20％转为棕褐色，木屑米黄色，有香菇特有的香味，手压菌棒有弹性，失重率为原菌棒的15％～20％（15厘米×55厘米成熟菌棒在1.4～1.6千克）。

⑩转色管理要求。脱袋后1～3天，温度18～23℃，湿度80％～90％，罩紧薄膜，当表面布满白色绒毛菌丝后，揭膜通风1～2次，每次0.5小时，25℃以下不揭膜通风，超过25℃必须与喷水、降温、保湿相结合。菌丝逐渐倒伏，开始分泌色素，掀动薄膜通风，防止温度偏高菌丝陡长不倒伏，通风要与降温、保湿相结合。开始吐出黄色液滴时，每天喷水1～2次，菌棒表面无水珠盖膜、黄水少、轻喷、黄水多，要重喷、防止积黄水。粉红色变为红棕色每天喷水1次，通风1次，每次0.5小时，控温在15～20℃。在菌体呈现棕褐色有光泽树皮状时，即为转色完毕。转色是提高香菇自身防御能力的主要措施。

44. 香菇菌棒怎么做好越夏管理？

越夏期以通风降温、防止烂棒为主。越夏场所以室外菇棚为宜，菌棒移至室外菇棚越夏的时间宜为5～6月，菌棒经最后一次刺孔通气后1周左右，即可进棚。菌棒进棚前，应全面加厚棚顶部及四周遮阴物，确保无直射阳光进棚,并对各个菇棚环境进行一次全面清扫，撒一层石灰粉，做好消毒灭菌杀虫工作。

可通过外棚喷水、内棚挖沟引水等措施调节棚内温度，加强通风，避免棚内温度过高，控制最高温度在30℃以下。雨后应及时排除积水，防止菌棒受淹,并加强通风管理。

45. 香菇的出菇期如何管理？

（1）菌棒含水量管理。出菇时菌棒适宜的重量因品种而异，若出菇时偏重，可再进行一次刺孔通气排湿；若菌棒偏轻，应及时补水。补水用水温低于18℃的清洁水。补水不宜过多，且气温应在20℃以下。补水措施有浸水、注水和喷水3种。由于注水补水法常因压力过大损伤菌丝和菌棒，在生产中宜选择浸水补水法。

（2）催蕾管理。催蕾方法有以下几种：

①温差刺激法。白天将通过菇棚塑料薄膜掀开或紧盖，使温度18～25℃，夜间掀开薄膜，促使昼夜温差达到5～10℃。

②湿差刺激法。对水分偏低的菌棒进行浸水或注水，补水应用水温低于18℃的清洁水；对水分充足的菌棒脱袋浇一次大水，即浇到地面看得见积水。

③振动催蕾法。把两个菌棒拿起来将不弯曲的侧面相互撞击，或用软拍子拍打。在实际操作时，注意力度不宜撞击或拍打过重,防止菌棒被打断。

④蒸汽催蕾法。冬季温度较低时，可利用蒸汽发生炉等设备向菇棚内通入蒸汽，提高温度、湿度，刺激菇蕾发生。

⑤叠堆盖膜法。在低温季节，将菌棒移至棚外阳光充足处叠堆盖膜，白天使堆内温度升至20℃左右，夜间掀膜降温，连

续3～5天处理可刺激菇蕾发生。

上述各种催蕾方法是在香菇菌棒不能正常出菇的情况下，或所栽培品种出菇温度与出菇季节的温度不适应时使用，应根据不同品种、不同季节和不同情况灵活选择使用。

（3）排放。菌棒可按"人"字形斜放在畦面上出菇，也可平放在层架上出菇，菌棒和菌棒之间间距10～13厘米。

（4）脱袋。用锋利的小刀在菌棒的一头划开一个5～7厘米的倒三角形（▽）开口，然后从倒三角形开口顺着菌棒往另一头撕开塑料袋，再将塑料袋脱下。脱袋时，应边脱袋边浇水，以免菌棒变干而不利于出菇。脱袋后浇大水一次，使棚内湿度保持在85%～95%，并注意通风换气。出菇大棚温度在20℃以上时，应选择在晴天的上午10时前或晚上或阴雨天进行。脱袋后，夏天白天注意保湿和降温，夜间进行掀膜通风并浇水，拉大温差刺激；冬季要闷棚3～7天，减少遮阳物，以提高棚内的温度。

（5）育菇管理。

①控温。主要通过调节遮阴度、盖膜或掀膜、浇水、通风等措施来控制温度。气温较高时，为防止阳光直射菇棚，可加厚遮阴物，采取揭膜通风、棚外浇水等降温措施，将棚内温度控制在20～25℃。

②控湿。大多数菇蕾的菌盖长到2厘米之前，棚内湿度应保持85%～95%；菌盖长到2厘米之后，棚内湿度应保持在75%～85%，采菇期间，要根据香菇生长的实际情况和市场对香菇的要求，灵活浇水。

③光照调节。在秋菇管理期内，光照应遵循先弱后强的原则，冬菇管理期间应逐渐增强棚内的光照，进入春菇管理阶段后随着气温回升光照则应由强渐弱。

（6）保鲜菇出菇管理。出菇技术要点如下：

一般种植保鲜菇选择在头潮菇出菇之前1个月排场上架；合理疏蕾：当菇蕾长至2厘米前进行疏蕾，每个菌棒每次留分布合理的10～15只菇蕾；保湿育幼菇，菇棚内宜保持75%～85%的空气相对湿度；当菇蕾培育至直径2～3厘米大小时，需加强揭膜通风，进行育菇管理。

（7）转潮期养菌管理。

①清棒。每潮菇采收后，立即清除残留在菌棒表面上的菇脚和死菇蕾，并全面打扫出菇场所。

②控温控湿养菌。浇水增加湿度到85%以上，温度最好控制在22～24℃。

③养菌时间。在温度适宜的情况下，一般需要培养15～20天。若温度过低，则要适当延长养菌时间。养菌时间的把握关键是看经过养菌的菌棒手摸是否有弹性，老菇脚印是否已经转成与菌棒表面一样的颜色。

④转潮催蕾。养菌完成的菌棒进行转潮催蕾，当大多数15厘米×55厘米的菌袋重量有1.5千克以上，用振动催蕾法和温差催蕾法同步进行催蕾出下一潮菇；当15厘米×55厘米的菌袋重量在1.4千克以下，可以给菌棒进行补水，并同步用温差催蕾法进行催蕾出下一潮菇。

催出蕾以后的管理方法同上述的出菇管理方法。

46. 使用免割保水膜袋培育优质香菇的技术关键点有哪些?

（1）割头排气。适温晴天排酸气。选择在气温25℃以下时进行全面刺孔通气较安全。

①先割袋头早刺孔。香菇菌丝布满袋而白色瘤状物没有发生之前就要先割去香菇筒袋外袋两端袋头，并撑开拉直，然后进行全面刺孔。在夏季高温季节，菌棒要保证培养场所空气流

通、日最高温度不超过30℃、空气相对湿度在60% ~ 70%。

②调整孔数和深度。和常规菌棒相比，孔数增加10% ~ 15%，深度增加10%左右。

（2）补水保湿。

①催蕾先补水。在出菇季节先用水温不超过18℃的清洁水给菌棒注水或浸水，使菌棒达适宜出菇的水分。

②见蕾再脱袋。经过补充水分和催蕾的菌棒排在菇架上培养，看到有菇蕾的菌棒先脱去香菇筒袋，保留保水膜袋。

③保湿养菇蕾。有菇蕾的菌棒排在菇架上，降低菇棚四周薄膜，同时在棚内喷洒清洁水，增加空气湿度促使菇蕾长肥变大。

④降湿育菇。在适温适湿的菇棚里，菇蕾生长迅速，待菇蕾半数以上直径达1.5 ~ 2厘米时，白天及时撑开菇棚四周覆盖的薄膜通风降湿，晚上盖好塑料膜保湿，进行培育管理。

总之，用保水膜袋生产的技术要点也可概括成：适时制棒袋相配，用粗木糠装实袋，早割袋头早排气，补水保湿要学会。

采收清膜。香菇采摘会带起少量保水膜碎片，烘干后就粘连在香菇表面，难以辨认和清理，因此，一定要在鲜菇阶段清理干净，一是要边采收边清理，不让其混入装菇篮筐；二是上筛烘干时，要逐筛检查，不使其进入烘箱。

47. 如何对香菇进行适时采收？

按不同的市场销售需求和产品加工质量要求，结合市场行情、天气状况等因素，确定适时采收时间和标准。

①鲜销产品。在菇体大小达到销售的要求且菌盖未开膜前采收。

②干销产品。在菇体的菌盖刚刚开始开膜时采收。

48. 香菇的产品怎么进行分级？

建议菇农采收时将香菇产品分成三级。一级菇：菌盖大于4厘米且不开伞；二级菇：菌盖小于4厘米且不开伞；三级菇：菌盖已经开伞的香菇和畸形菇。经营主体则根据自身的市场销售需求对香菇产品进行分级。

49. 香菇怎么进行加工、包装和贮运？

（1）加工。

①保鲜加工。采收的香菇在1小时内先进冷库预冷，库温1～3℃，然后在5～10℃的环境条件下进行分级与包装，再放置到库温在1～3℃的冷库中待销售。

②烘干加工。脱水（制干），按《绿色食品　食用菌》（NY/T 749—2012）标准进行。根据市场的需求，对采收的鲜菇要及时修剪整理，并在3小时内移入烘干箱。

烘干时，据菇体大小厚薄、开伞与不开伞分类上筛，菌褶统一向上均匀整齐排列，把大、湿、厚的香菇放在筛子热风口处，小菇和薄菇放在上层，质差菇和菇柄放入底层。

烘干排湿期5～8小时，温度45～50℃，确保水气都可以排出去，严禁闷烘；上色期5～6小时，温度55～63℃，大量排湿，确保80%的水气都可以排出去，严禁闷烘；定型期，温度40～45℃，大量排湿，确保所有的水气都可以排出去，严禁闷烘，直到被烘干的香菇含水量低于12%即可。

（2）包装。包装上的标志和标签应表明产品名称、生产者、产地、净含量和采收日期等，字迹应清晰、完整、准确。

外包装（箱、筐）应牢固、干燥、清洁、无异味、无毒，便于装卸、仓储和运输。内包装材料卫生指标应符合《绿色食品 包装通用准则》（NY/T 658—2002）的要求规定。

按照各经营主体的产品包装执行标准进行包装，或按照客户的需要进行包装。

（3）贮运。运输时轻装、轻卸，避免机械损伤。运输过程应严格按照《绿色食品 贮藏运输准则》（NY/T 1056—2006）准则进行。运输工具要清洁、卫生、无污染物、无杂物。防日晒、雨淋，不应裸露运输。不应与有毒有害物品、鲜活动物混装混运。鲜香菇宜用冷藏车运输。

贮藏应严格依据《绿色食品 贮藏运输准则》（NY/T 1056—2006）准则进行。干香菇：在避光、阴凉、干燥、洁净处贮存，注意防霉、防虫，夏季要求在冷藏库内贮存。鲜香菇：在1～4℃的冷库中贮存。

50. 如何对香菇生产进行病虫害防治？

（1）防治原则。按照"预防为主，综合防治"的方针，坚持"农业防治、物理防治为主，化学防治为辅"的原则。

（2）主要病虫害。

①常见杂菌。木霉、曲霉、毛霉、酵母菌等。

②主要虫害。蕈蚊、瘿蚊等。

（3）农业防治。选用抗逆性强的香菇品种；合理安排生产季节，根据当地气候条件以及品种特性确定，原则上生产季节的安排应紧凑，在培养时间充足的前提下，接种时间越靠后越好；严把培养料原料的质量、配制、灭菌关，规范生产操作程序。

（4）物理防治。进行隔离保护。接种口采用套袋封口，在菇房门、窗和通气口安装60目纱网，阻止害虫入内；提倡在培养场所和出菇场所悬挂粘虫板（纸），粘杀菇蚊和菇蝇的成虫，减少着卵量，诱杀和驱避害虫。

（5）化学防治。

①药剂。应符合《绿色食品　农药使用准则》（NY/T 393—2013）（所有部分）的要求。在香菇子实体生长和出菇期间，不得"直接使用"农药；在接种与培养阶段及菌棒排场前，必要时可"间接使用"农药进行场地杀虫。

②净化生产环境。菌种保存室、接种室、菌棒培养室应进行严格消毒，出菇场地应保持清洁卫生，及时用石灰粉进行地表消毒和除虫处理，做好仓贮场所的环境卫生，减少病虫栖息及越冬场所。

▶ （二）木耳

51. 木耳产业的基本概况是什么？

木耳是我国的第二大产量食用菌，占总产量的17%。在我国人工栽培的木耳分为黑木耳和毛木耳，其中毛木耳又根据绒毛的颜色分为黄背木耳、白背木耳，近年来由吉林农业大学培育出了白色的玉木耳，由贵州高原蓝梦菇业科技有限公司培育出了糯木耳。目前，产量最高的品种是黑木耳，2017年全国黑木耳总产量为638.84万吨，其中，黑龙江省2017年产量达到333.54万吨，产量占全国总产量的52.21%，位居全国产量首位。

52. 木耳的主要产区在哪里？

中国产业调研网发布的2018—2025年中国黑木耳行业现状

分析与发展趋势研究报告认为，中国是木耳的主要生产国，产区主要分布在吉林、黑龙江、辽宁、内蒙古、广西、云南、贵州、四川、湖北、陕西等地，其中黑龙江省牡丹江海林市和吉林省蛟河县黄松甸镇是中国最大的黑木耳基地。国内有9个品种，黑龙江拥有现有的全部8个品种，云南现有7个品种、河南卢氏县有1个品种。野生黑木耳主要分布在大小兴安岭林区、秦巴山脉、伏牛山脉、辽宁桓仁等。湖北房县、随州，四川青川，云南文山、红河、保山、德宏、丽江、大理、西双版纳、曲靖等地州市和河南省卢氏县是中国木耳的生产区。

53. 适宜贵州省内种植的木耳优良品种有哪些？优势是什么？

（1）黑木耳。

优良品种：浙江龙泉的新科1号、新科5号，黑龙江的黑3。

比较优势：贵州省由于阴雨天比较多，全年的环境湿度比较大，适于各种木耳的生长，而且产量较干旱地区要高。

主要矛盾：因为阴雨天气多，导致黑木耳露天栽培不能按时采收，以及采收后无法快速晒干，致使贵州省生产的黑木耳产品质量没有其他产区的好。建设大棚设施化栽培，可以避雨，但是不便于消毒，会导致逐年减产，黑木耳对产地环境的要求比较高。

建议栽培模式：选择在水稻田进行露天吊袋可避雨栽培，黑木耳—水稻轮作（净化出耳场所），在黑木耳栽培基地，搭建临时的可避雨吊袋木耳出菇架，需要淋雨时掀开塑料膜给予淋雨，需要避雨时，盖膜避雨，并按每亩黑木耳配套建设160米^{2}的多层避雨辅热风黑木耳菌棒培养和新鲜产品晾晒大棚，以确保黑木耳菌棒的培养和产品能及时晾干，保证菌棒产量和产品质量。

（2）其他木耳。

优良品种：黄背木耳、白背木耳、糯木耳、玉木耳。

比较优势：贵州省由于阴雨天比较多，全年的环境湿度比较大，适于各种木耳的生长，而且产量高；贵州省海拔落差大，如果根据不同的品种特性，结合贵州省的立体气候进行布局，可以实现周年生产，周年供应新鲜木耳，有利于市场开发；黄背木耳、白背木耳、糯木耳的产量高，生产成本低，市场前景好，每千克木耳能卖到3.6元，每亩产量可以达到15吨，产值5.4万元，可获利1.9万元。

主要矛盾：规模不大，没有市场话语权，目前贵州市场也基本上被福建和四川的产品占据。

建议栽培模式：引导经营主体进行立体布局和规模化生产，占领贵州省内鲜品市场，开发广州市场。

54. 贵州省木耳栽培的关键环节与注意事项有哪些？

（1）优良品种的培育和管理，目前贵州省的木耳菌种来自全国各地，大多数没有经过出菇试验，也没有相对应的配套种植技术，存在很大的风险隐患。

（2）加大支持良种与良法的研究与推广应用能力建设。

（3）品牌建设。

55. 贵州省木耳栽培的关键控制点有哪些？

（1）生产环境达到《绿色食品　产地环境质量》（NY/T 391—2013）的要求。周围5千米范围内没有的规模化养殖厂，20千米内没有工矿污染源，离公路、铁路主干线100米以上，周围没有农作物种植或与农作物之间有50米以上的防护隔离带，可确保不被农业交叉污染。

（2）水源达到"饮用水"标准。

（3）原材料禁止使用污染区域生产的原材料，包括阔叶杂木屑、玉米芯、棉籽壳、麦麸、石膏。

（4）选择优良的菌种。

（5）规范化生产与管理，防止交叉污染。

（6）不使用农药和化肥。

56. 贵州省木耳产业是如何布局的？栽培模式和品种选择有何特点？

（1）产业布局。在贵州，全省都适合栽培木耳。

（2）栽培模式和品种选择。黑木耳适合在海拔 1 000 米以下的区域种植，选择露天吊袋避雨栽培比较安全。毛木耳等其他品种选择在海拔 300 ～ 1 600 米的区域种植，只是需要合理地安排好菌棒生产时间和出菇时间，如果能从高、中、低海拔进行立体布局，可以实现周年大棚生产毛木耳。

57. 木耳的栽培设施有哪些要求？

（1）菌棒培养场所。利用培养室或大棚培养木耳菌棒。基本要求：环境清洁、避光，冬季可加温，夏季能降温，易于通风换气，地面干燥。在排放菌棒前，用石灰水进行冲洗消毒，并晾干后备用。如果用层架式大棚进行木耳菌棒培养，菌棒移到出菇棚，出菇后，及时对培养大棚进行清洁处理，然后铺设 40 ～ 60 目的塑料纱网，去除遮阳物后就可以用于木耳晾晒，一棚两用。

（2）出菇场所。黑木耳可以采用林间露地平畦栽培或水稻田冬闲期间栽培（保粮增收，水稻—黑木耳轮作生产模式），以水源充足、排灌方便、场地清洁、无杂草为宜，适宜湿度条件应为干湿交替。排袋前将场地进行整平、搭出菇架、浇石灰水进行消毒处理。耳场地面可铺设专用带孔地膜，并设置管道喷水系统装置。

基地建有工作室，室内配备桌、椅、水、电等，放置有关生产管理记录表册，张贴有关规章制度。并设有清洁卫生的盥洗间。基地应备有安全、卫生、通风、避光的专用仓库，存放器械，备有急救箱、灭火器等，建立投入品进货、出货记录。基地设有药品空包装、垃圾和废弃菌棒等废物收集设施。

58. 木耳的栽培季节如何安排？

（1）黑木耳菌棒。6~8月生产，10月下地出菇，翌年4月采收完毕。

（2）黄背木耳、白背木耳、糯木耳菌棒。海拔在800米以下区域6~10月生产菌棒，8~12月开始出菇；海拔在800~1 300米区域，10~12月生产菌棒，翌年的3~5月开始出菇；海拔在1 300~1 600米区域，1~3月生产菌棒，5月开始出菇；海拔在1 600米以上区域，建议不种木耳。

59. 木耳的品种选用、菌种生产及质量有什么要求？

（1）品种选用应按照《食用菌菌种管理办法》有关要求，从具有相应菌种生产资质的单位购买菌种，并要求其提供相应的技术资料和技术培训咨询服务。

（2）菌种生产及质量要求。木耳菌种的生产过程应符合NY/T 528和NY/T 1731的要求。成品菌种质量应符合GB 19169

和NY/T 1742的规定。一级菌种外观洁白、纤细、均匀、平整，呈绒毛状平贴培养基生长，无角变，菌落边缘整齐，变色均匀，无杂菌菌落；二级菌种和三级菌种培养基不干缩、活力强，不带病、虫和杂菌，菌龄适宜，无老化现象。

二、三级菌种活力的鉴定方法，随机抽取一袋菌种，掰成两半，一半掰成黄豆大小，另一半揉搓成单粒培养料，分别用手提食品袋装好，扎松袋，不能扎死，然后放到23～25℃的避光环境下培养48小时，如果两袋的菌丝都已经长成团，说明被检测的菌种活力强，可以使用；如果只有掰成黄豆大小的菌种长成团，说明被检测的菌种活力一般，也可以使用；如果两袋都恢复生长得不好，说明被检测的菌种活力弱，不能使用。

60. 木耳菌棒怎么生产与培养？

（1）栽培料选择。

①木屑。利用阔叶杂木及其边皮料加工，不得混有松、杉、樟等含有芳香气味和有害物质的树种。木屑的粗细度以0.5～1.0厘米为标准，加工好的木屑不得长期雨淋，要求手握无结块、无霉烂感，鼻闻无霉味和其他异味。实践证明，颗粒状的粗木屑优于细木屑；硬杂木屑优于软杂木屑。需要注意的是：木屑一定不能腐烂变质、霉变结块、发酸带有臭味。

②玉米芯。选用颗粒在0.5厘米左右，干燥，不霉烂，无霉变，没有混入其他异物。

③棉籽壳。要求干燥，新鲜，不霉烂，无霉变，棉絮少，没有混入其他异物。

④麦麸。定点采购，以面粉通过SC认证的生产企业当年加工、新鲜、手触摸有细腻感、不霉烂、无霉味、不结块、没有混入异物为合格品。

⑤米糠。定点采购，以大米通过SC认证的生产企业当年加工、新鲜、不霉烂、无霉味、不结块、没有混入异物为合格品。

⑥石膏。生石膏是发亮的细颗粒，熟石膏是白色粉末，无受潮结块，pH为弱酸性，呈碱性为不合格品，能做成石膏板或能用于做豆腐。

⑦碳酸钙。白色粉末，无受潮结块，经煅烧能生成二氧化碳后白色粉末重量减轻30%以上的为合格品。

（2）培养料配方。

①黑木耳培养料配方。

配方1：阔叶树木屑78%，麦麸10%，米糠10%，蔗糖1%，碳酸钙1%。

配方2：阔叶树木屑49%，棉籽壳35%，米糠10%，麦麸5%，碳酸钙1%。

②黄背木耳、白背木耳、糯木耳培养料配方。

配方1：棉籽壳45%，玉米芯34%，麦麸10%，米糠10%，石膏粉1%。

配方2：阔叶树木屑78%，麦麸10%，米糠10%，蔗糖1%，碳酸钙1%。

配方3：阔叶树木屑49%，棉籽壳35%，米糠10%，麦麸5%，碳酸钙1%。

以上配方料水比均为1：1。

（3）木耳菌棒生产。

①拌料。按配方比例配料，干料先搅拌均匀，再加水搅拌均匀，使含水量达50%，含水量不可过高。

②装袋。培养料配制完成后，采用折角规格为15厘米×55厘米的聚乙烯筒袋装料1.5～1.6千克，或16厘米×55厘米的聚乙烯筒袋装料1.8～1.9千克，袋口要求干净并扎紧。装袋时一定注意袋内料的松紧度要适中，若装得太紧，则影响透气性，

培养慢；若装得太松，则装料少，会导致单产降低，影响效益。对于新手来说如做不到松紧适中，要宁紧勿松。

③灭菌。灭菌是将料袋内的一切生物利用蒸汽高温杀灭的一个过程，普遍采用的方法是常压灭菌或高压灭菌，采用常压蒸汽灭菌，灭菌灶"上汽"后，料温在达97～100℃的状态下保持25小时，高压灭菌121℃保持8小时，焖锅2～3小时。

关键控制点：A.装好的料袋不可久置，应马上灭菌，以免培养料酸败，特别是在夏季更应注意；B.要大火供热，温度达到灭菌温度要求后要保持平稳；C.在灭菌前菌棒的搬运过程中，一定要轻搬轻放，决不可野蛮装卸，这是菌棒制作最忌讳的问题，也是众多菇场造成破产关门的原因之一；D.当灭菌结束，停火焖锅2～3小时，使其自然降温冷却，然后出锅；E.灭菌效果正常的菌棒表现为深褐色，有特殊香味，无酸臭味；F.袋内培养料pH为6.5～7，并有轻微皱曲现象。

在生产实践中，一些新的栽培厂家，最容易出的问题就是在灭菌这个环节。因此，菌棒生产中，灭菌人员一定责任到位，不能出问题。

④冷却。灭菌结束后，待灭菌锅内温度自然降至50～60℃时，将料棒搬到冷却室进行冷却，待料温降到28℃以下时即可接种。

⑤接种。

A.菌种挑选与处理。菌种在使用前一定要进行挑选及处理，这点非常重要，也是广大食用菌栽培者最易忽视的问题。生产实践中发现，在培养期间发现有成片菌棒接种口处感染杂菌，问题大多数出在菌种上。菌种在使用前要由专人认真挑选，挑选人员一定要有多年菌种生产经验。挑选好的菌种在使用前要进行处理：先用0.5%～1%甲醛水溶液洗去菌种表面的灰尘及杂菌孢子，再将菌种浸入3%二氯异氢尿酸钠溶液中几秒钟捞出，用在3%二氯异氢尿酸钠溶液中清洗干净的毛巾擦干菌种袋表面的水分备用。在此过程中，若菌种袋表面及棉塞潮湿，没有关系，但要防止消毒液浸入菌种中。

B.消毒。采用过滤除菌或气雾消毒盒消毒，要确保接种环境达到100级净化或无菌。接种用具、接种者双手采用75%～78%的酒精擦洗消毒。

C.打穴接种。在菌棒上用接种棒均匀地打3个直径1.5厘米左右、深2～2.5厘米的接种穴，再把菌种掰成三角形按到接种口，并压平，不留空隙。

D.接种机器接种。用接种机接种的要保证接种的环境达到100级净化，接种机器要做好清洁消毒工作。

E.接种箱接种。接种箱接种是我国广大农村一家一户栽培食用菌最常用的接种方法。其缺点是一次接种数量小、操作不便。用接种箱接种的原理和方法同接种室大同小异，但有如下几点请注意：a.接种箱密闭性一定要好，接种箱的套袖要用不易透气的布料做成；b.对于旧接种箱要先用水冲洗晒干再进行一次熏蒸消毒，熏蒸用药量是平常的2倍，新接种箱也应熏蒸一次；c.接种箱尽量放在干燥、干净、密闭性好的房间内。也可将接种箱放入塑料大棚内接种，但塑料大棚一定要干燥，同时要求大棚要提前晾晒并熏蒸消毒一次。

（4）木耳菌棒培养期管理。

①菌棒堆放。将接种后的菌棒移入事先已消毒的培养室培养，高温季节将菌棒平放在多层培养架上，或排成"井"字形培养，有利于木耳菌丝生长过程中产生的生物热散发，起到降温的目的；低温季节排成"一"字形并多排堆放在一起，减慢袋温和木耳菌丝生长过程产生的生物热散发，起到加温的作用，更加有利于木耳菌丝的生长。

②避光。黑木耳在菌丝生长阶段不需要光线，一般门窗上悬挂黑布遮光。

③控温。木耳菌丝生长的最适温度在24 ～ 26℃，要严密监管好菌棒袋内温度，高温不可超过30℃。

④降湿。勤通风，保持培养场所干燥，空气相对湿度保持在70%以下为好。

⑤检查污染菌棒。当大部分菌棒上的接种口菌丝圈直径长到10厘米时，检查发菌情况，对污染菌棒及时处理。如遇培养场所的温度低于20℃时，分批脱去一部分菌棒的套袋，如果培养场所的温度在22℃以上，不可以脱去套袋。

⑥菌棒成熟，经过培养，木耳菌丝长满菌棒，再继续培养8 ～ 10天，就达到生理成熟。

61. 如何进行出耳管理？

（1）划口催耳。将培养成熟的木耳菌棒运到出耳场所。春季出耳，要求白天气温平均达10℃以上；秋季出耳，要求夜间气温下降到20℃以下，即可划口催耳。划口前将菌棒在1%的石灰水溶液中浸蘸，进行表面消毒，再用消毒后的刀片或划口机械划口。

①单片小木耳划口。用划口机械划口，在菌棒表面划小V形口、或小▽形口，边长0.2 ～ 0.3厘米，角度45°，深度为0.3 ～ 0.5厘米，每袋划口110 ～ 130个，"品"字形均匀分布，底部V形口距地面3厘米。

②大朵型木耳划口。在菌棒表面划V形口，边长1 ～ 1.5厘米，角度45°～ 55°，深度为0.4 ～ 0.6厘米，每袋划口20 ～ 30个，"品"字形均匀分布，底部V形口距地面5 ～ 6厘米。

（2）原基形成期管理。刚划口后的3天内不能向菌棒直接浇水和淋雨，可以向出耳场所的地面及周围浇水，调节空气相对湿度达到85% ～ 95%，温度控制在10 ～ 25℃，昼夜温差10℃，并给予一定的散射光，加大通风量，保持二氧化碳浓度在500毫克/千克以下，7 ～ 10天黑褐色原基即可封住划口线。

（3）木耳分化期管理。温度以15 ～ 25℃为宜，保持较强的散射光，日出之前或日落之后1小时在出耳场所晾晒喷雾状水，保持空气相对湿度达到85% ～ 95%，15天左右，耳基可长到2厘米左右。

（4）木耳生长发育期管理。

①温度。应控制在15 ～ 25℃，低于15℃时不易形成木耳，温度超过30℃时木耳易自溶形成流耳。

②湿度。木耳形成期，要求空气相对湿度达85% ～ 95%。木耳生长阶段，宜干湿交替，如果是晴天，则选择在早晚浇水保湿、白天通风晾干；如果是连雨天，则根据耳片的生长情况和市场的需求情况，采取避雨措施或采收风干。

③光照。黑木耳和糯木耳生长发育需要足够的散射光和一定的直射光（500 ～ 1 000勒克斯），在光照适宜的环境下，耳片肉厚色深；黄背木耳、白背木耳需要较暗的散射光，在光照适宜的环境下，耳片肉厚色浅，以满足市场的需求。

62. 如何进行木耳采收？

（1）黑木耳和小糯木耳的采收。当耳片长到1.5 ～ 3时，即可采收。采收时应采大留小，分次采收。

（2）黄背木耳、白背木耳和大糯木耳的采收。当耳片长到8 ～ 13厘米、耳片充分展开、边缘开始起波浪时，即可采收。采收时应采大留小，分次采收。

63. 如何对下一茬木耳进行出耳管理？

在上一茬木耳采收后，3天内不能浇水，最好也不要淋雨，在太阳斜射时晾晒菌棒3～5天，等采收时留下的耳根完全干浆后，然后按第一茬木耳的出耳管理技术进行管理，促进木耳生长，当木耳又长到采收标准时进行采收，周而复始，方法都是一样的。这个阶段要注意通风，防止高温，保证干干湿湿、干湿交替，方才有利于木耳的生长。

64. 怎么对木耳产品进行加工与销售？

（1）黑木耳和小糯木耳的加工。将采收的鲜品在2小时内运到晾晒场所进行晾晒干制，或用烘干机烘干，烘烤温度不宜超过45℃，每间隔2小时要用新的竹枝扫把或采用达到食品包装材料级原料生产的塑料扫把翻扫一次，烘到含水量在35%左右时，要停止供热，并收拢成堆，回潮5小时，然后再均匀地散放到烘干筛子上继续烘干，直到含水量低于13%，即完成烘干。干制加工所用的材料和方法应符合国家相关卫生标准。

（2）黄背木耳、白背木耳和大糯木耳的加工。将采收的鲜品在3小时内运到市场进行销售，或放到冷库中预冷保存待销售，或运到晾晒场所进行晾晒干制。

（3）保鲜加工。采收的木耳在3小时之内要先进冷库预冷，库温保持在1～3℃，然后在温度5～10℃的环境条件下进行分级与包装，分级包装好的产品再放置到库温在1～3℃的冷库中待销售。

（4）干制品加工。按《绿色食品　食用菌》（NY/T 749—2012）标准进行。先把产品的根部的培养料修剪整理，并把杂质清理干净，然后进行水分检测，含水量在12%以下为合格，含水量超过12%要进行再次烘干，烘干到含水量低于12%，再按产品包装要求进行包装，存放成品库中待销售。

（5）标志。包装上的标志和标签应标明产品名称、生产者、产地、净含量和采收日期等，字迹应清晰、完整、准确。

（6）包装。外包装（箱、筐）应牢固、干燥、清洁、无异味、无毒、便于装卸、仓贮和运输。内包装材料卫生指标应符合《绿色食品 包装通用准则》（NY/T 658）的要求规定。按各经营主体的产品包装执行标准进行包装，或按客户的需求进行包装。

（7）运输。运输时轻装、轻卸，避免机械损伤。运输过程应严格按照《绿色食品 贮藏运输准则》（NY/T 1056）准则进行。运输工具要清洁、卫生、无污染物、无杂物。防日晒、雨淋，不应裸露运输。不应与有毒有害物品、鲜活动物混装混运。鲜木耳宜用冷藏车运输。

（8）贮藏。贮藏应严格依据《绿色食品 贮藏运输准则》（NY/T 1056）的规定进行。

干木耳：在避光、阴凉、干燥、洁净处贮存，注意防霉、防虫，夏季要求在冷藏库内贮存。鲜木耳：在 $1 \sim 4℃$ 的冷库中贮存。

（9）采收后的产品质量安全管理。采后从事贮藏加工的人员须身体健康，无传染病；采后将耳蒂清除干净，根据标准整理分级、干制加工处理，装入干净的专用容器内，包装纸箱无受潮、离层现象，塑料箱符合 NY/T 658 的规定，内包装塑料膜符合 GB 9687 或 GB 9688 的规定；包装与贮运按 NY/T 5333 的规定执行；推行木耳产品包装标识上市，建立质量安全追溯制度。

65. 木耳栽培过程中有哪些危害及关键控制点？

（1）危害分析。主要原材料、辅料和水被重金属、农药残留、亚硫酸盐等有毒有害物质污染。

（2）关键控制点。

①主要原材料、辅料，符合NY 5099的要求。用于栽培木耳的作物下脚料，在收获前1个月不能施用高毒高残留农药，在使用前经日光暴晒2～3天，粉碎，过筛（粒度0.3～0.5厘米）。

②生产用水，培养料配制水和出耳管理用水应符合GB 5749的要求。喷水中不得随意加入药剂、肥料或成分不明的物质。

③安全合理用药，执行GB 4285、GB/T 8321（所有部分）的规定。在木耳原基形成后至采收期，禁止使用农药及生长激素类物质，不应使用活体微生物制剂和抗生素。根据病虫危害特点有针对性地选择科学的施药方式，使用合适的施药器械，配药时使用标准称量器具。特别要注意木耳菌丝对许多药物敏感，容易产生药害现象，不得随意、频繁、超量及盲目施药防治，执行NY/T 393—2000中生产A级绿色食品的农药使用准则的规定。

④有害生物防控原则。按照"以农业防治、物理防治、生物防治为主，化学防治为辅"的综合防控原则，以规范栽培管理技术预防为主。

⑤主要杂菌为木霉、青霉、脉孢霉等的防控。培养料选用新鲜、干燥、无霉变的原料；把好菌棒灭菌关，接种室、耳房消毒灭菌工作按照无菌要求进行；接种用的母种、原种或栽培种在使用前，外表用0.1%高锰酸钾溶液消毒，双手用75%乙醇消毒，种瓶口用乙醇火焰灭菌；培养室内保持清洁和空气清新，调控好温度和湿度。

⑥脉孢霉的防控措施。在菌种制作和栽培的各个环节中，搞好接种室、培养室及周围环境的清洁卫生，用新鲜、干燥、无霉变的原料作培养料，装袋、运袋时应细心，防止破袋，灭菌时防止棉塞受潮；对培养室表面、墙壁、培养架等喷洒40%二氯异氰尿酸钠可溶性粉剂800倍液；菌棒制作时避开闷热、潮

湿的天气，发菌培养时加强通风；把培养温度降到22℃以下，能有效地抑制脉孢霉生长。

⑦红酵母菌病防控措施。生产上控制出耳温度30℃以下，可减轻发病；使用清洁、不带病菌的水，每次喷水后及时通风；老耳房可用二氯异氰尿酸钠消毒，所用工具用0.1%高锰酸钾溶液浸泡消毒；菌棒喷洒漂粉精溶液或新洁尔灭溶液。

⑧流耳、烂耳防控措施。通风控湿，增加光照，合理喷水，调节适宜温度。特别是木耳发育后期，防止高温高湿，加强通风换气，使空气相对湿度不超过95%，及时采收。每采收后3～5天内不能浇水和淋雨。

⑨菌蚊、瘿蚊跳虫、螨害、线虫、蛞蝓防控措施。在生产前对栽培场地、设施进行全面灭菌、除虫，清理废菌料、烂耳、虫耳等杂物，保持环境整洁；将周围杂草、落叶、碎石清除干净，沿四周撒上生石灰粉；保持耳场清洁，采用冬季低温时出菇，减少病虫害；安装粘虫板，利用灯光诱杀成虫；每季栽培结束后，及时清理废菌料，对耳场进行消毒，并开展菌糠生物质资源的无害化循环利用。

66. 如何做好木耳基地管理?

（1）建立基地档案。每个基地建立独立、完整的生产记录档案，记录产地环境条件、生产投入品、栽培管理和病虫害防治等内容，提供木耳生产所涉及的各环节的溯源记录。记录档案保留3年以上。

（2）基地环境监测。新建基地应由具有资质的农业生产环境监测单位进行环境质量监测和评价，评价符合国家标准后，方可进行木耳生产。每隔2～3年，或环境条件发生变化有可能影响产品质量安全时，应重新进行环境质量监测和评价。

（3）制作基地平面图。面积较大的基地制作平面分布图，用来制定栽培方案和周年生产计划等。

（4）设立隔离防护。基地周围建立隔离网、隔离带等，以保护基地，防止外源污染。

▶ **（三）红托竹荪**

67. 竹荪有几种？

竹荪（Dictyophora *rubrovolvata*）隶属真菌门（Eumycota）、担子菌亚门（Basidiomycotina）、腹菌纲（Gasteromycetes）、鬼笔目（Phallales）、鬼笔科（Phallaceae）、竹荪属（*Dictyophora*）真菌。竹荪为珍稀食用菌，全世界共12个种。我国有长裙竹荪、短裙竹荪、黄裙竹荪、朱红竹荪、红托竹荪、皱盖竹荪和棘托竹荪7个种。我国实现人工栽培的有长裙竹荪、短裙竹荪、红托竹荪和棘托竹荪4种。

68. 全国形成了哪些竹荪品牌？

竹荪只有中国实现量产栽培，国外只有日本在试验栽培。中国的竹荪品牌见表3-1。

表3-1　中国竹荪品牌

地区	品牌	认证时间	认证单位
贵州织金	中国竹荪之乡	2000年8月	中国食用菌协会
	织金竹荪	2010年9月30日	国家质检总局国家地理标志产品保护认证

地区	品牌	认证时间	认证单位
福建顺昌	中国竹荪之乡	2008年5月	中国食用菌协会
	顺昌竹荪	2009年11月27日	农业部农产品地理标志登记保护认证
福建将乐	将乐竹荪	2015年2月13日	农业部农产品地理标志登记保护认证
四川长宁	中国长裙竹荪之乡	2014年8月	中国食用菌协会
	长宁长裙竹荪	2015年12月24日	农业部农产品地理标志登记保护认证
四川青川	青川竹荪	2012年12月27日	国家质检总局国家地理标志产品保护认证

69. 野生红托竹荪生长在什么地方？

野生红托竹荪主要分布于贵州和云南海拔500～1 800米温凉湿润区的竹林，黄褐黏土、沙粒石粒混合土、腐殖质土适于竹荪生长。自然生长季节一般在夏初或夏秋，多生于老竹林的根部，或腐竹根、腐竹叶上，单生或群生。

70. 哪些地方适宜栽培红托竹荪？

红托竹荪抗逆性较差，为中温性品种，喜温凉湿润气候，最适宜栽培区为贵州海拔800～1 600米的区域，贵州海拔800米以下的地区海拔低、热量条件好的河谷区域适宜冬季（10月至翌年4月）栽培红托竹荪。这主要是因为贵州是亚热带湿润季风气候，冬暖夏凉，空气湿润，光照较弱，雨热同期。此外，贵州海拔高差在2 500米以上，气候垂直差异较大，立体气候明显，形成了众多适宜栽培红托竹荪的小气候。目前，红托竹荪只在贵州实现了产业化发展。

71. 红托竹荪的质量优势及市场竞争力如何？

红托竹荪气息清香，菌柄肥厚、菌裙脉粗、眼大脆嫩，菌柄、菌裙、菌盖久煮不糊，口感清鲜脆嫩，具有丰富的蛋白质和维生素等营养，夏季用织金竹荪煮汤，1周内不变质。因此，红托竹荪既可以鲜销鲜食，也可以干销干食，在市场上具有绝对的竞争力。红托竹荪市场均价稳定在500元/千克以上，价格呈上涨趋势；其他竹荪市场均价200元/千克左右，价格呈下降趋势。

72. 贵州红托竹荪有何品牌影响力？

1972年，周恩来总理宴请美国特使基辛格的"竹荪芙蓉汤"使贵州红托竹荪闻名世界，随即走俏市场，从此成为国宴佳品。1983年，织金县启动探索野生竹荪驯化栽培；1986年，红托竹荪人工栽培成功；20世纪90年代初期，织金县32个乡（镇、街道办事处）都种植竹荪，全县有30%以上农户掌握竹荪传统栽培技术，鼎盛时期全县种植面积近万亩。1993年，获"1993年第五届中国新技术新产品博览会"金奖和"1993中国优质农产品及科技成果展览会"金奖；1994年，获"1994成都全国星火精品"金奖；2000年，被中国食用菌协会誉为"中国竹荪之乡"；2005年，后寨乡三家寨村获得"有机产品认证证书"；2007年，在贵州省第三届农产品展销会上被评为名特优农产品，2007年，在中国（长沙）国际食用菌产业博览会上被评为"金奖""优质产品奖"；2010年，"织金竹荪"获得国家地理标志产品保护认证；2014年，被农业部评为中国名优农特产品。2016

年，织金竹荪获贵州出口食品农产品安全示范区、有机竹荪、生态原产地产品保护等认证。2017年初，织金县正式成为第九批国家级农业标准化示范区。2018年，织金竹荪入选中国特色农产品优势区。

73. 红托竹荪有几种栽培方法？

（1）传统木块栽培法。采用桦木切成小片状栽培，需建简易覆草大棚，地栽；每平方米用材20千克，栽一次收两年，病虫害较重，该方法已在贵州省推广多年，适宜海拔800～1 600米的温凉区域。每平方米鲜品产量1.5千克，转化率不足10%；连作障碍导致两年后换地方，基地不能固定。

（2）发酵菌棒栽培法。采用木屑加秸秆发酵制成菌棒，菌棒脱袋覆土出菇，可不建棚林下地栽或农作物套种，减少大棚投入，也可建棚层架栽培，通过换土实现大棚持续使用；每平方米需菌棒10个（基料量6千克），栽培周期6个月，病虫害少；该方法已在贵州省12个区县示范推广，适宜海拔1 600米以下的区域栽培，每平方米鲜品产量2千克，转化率33%。

74. 红托竹荪栽培关键点有哪些？

方法不同，关键点稍有差异，具体情况如下：

①传统木块栽培关键点。场地选择、菌种选择、栽培季节安排、木块处理、栽培、温度管理、湿度管理、通风管理、病虫害防治、采收、分级、初加工、包装贮运等。

②新式菌棒栽培关键点。场地选择、菌种选择、菌棒生产、栽培季节安排、栽培、温度管理、湿度管理、通风管理、病虫害防治、采收、分级、初加工、包装贮运等。

75. 红托竹荪栽培场地选择要注意哪些问题？

场地选择应符合以下要求：

①通风良好，即具有相对固定风向，风速为3～10米/秒。

②平坦的旱地或水田，土质为壤土或轻沙壤土。

③水源好，水源以山泉水、地下水为宜，自来水次之；

④不易积水，坡度小于5°，海拔800～1 600米（如冬季栽培，可选择海拔低于800米的低热河谷区域）。

⑤离养殖场、木材加工场等污染源大于2 000米的上游地区（如果有山、树林等自然屏障的，间距可在500米左右）。

76. 如何获得活力强的红托竹荪母种材料？

选择个头大、接近成熟、外壳薄、菌柄厚、菌裙厚的竹蛋作为分离材料。注意，接近成熟指的是竹蛋顶端可摸出变硬，但还没有变尖，这时分离效果最好的基质层和原基层较厚，易操作分离。切取基质层和原基层，切成绿豆大小转接培养基。注意菌柄、菌裙脱分化能力弱，不宜作为分离材料；内外包被分离出的菌丝易老化，也不宜作为分离材料；产孢体为单核化孢子，孢子需完成交配后才能出菇，分离出的菌种需作出菇试验后才能用。

77. 红托竹荪常用的母种培养基有哪些？

生产中，红托竹荪母种培养基可采用木屑培养基或琼脂培养基。

（1）鲜松针培养基。鲜松针36克，马铃薯250克，琼脂

20克，葡萄糖25克，蛋白胨5克，磷酸二氢钾3克。鲜松针和马铃薯分别煮沸取汁，与其他成分混合，煮熔琼脂混匀，加水至1升，分装试管，试管装液量不超过试管容积的1/5，高压121℃ 30分钟灭菌，取出摆斜面，斜面与塞子的距离不得少于2厘米。

（2）MPDA培养基。麦麸200克，马铃薯200，葡萄糖20克，琼脂20克。

（3）竹屑200克，葡萄糖20克，琼脂20克。

（4）木屑培养基。木屑（竹屑）75%，麦麸17%，玉米面3%，黄豆粉1.5%，石膏粉1%，白糖1%，磷酸二氢钾0.2%，硫酸镁0.3%，水分65%。

78. 怎样控制培养过程中红托竹荪母种质量？

母种置于25℃培养，培养过程中要经常进行筛查，淘汰不萌发、萌发慢、生长不良和污染的试管。萌发快，菌丝浓密、洁白、均匀，大多数试管比较一致即为优质母种。注意，如不熟悉时，可取一支优质母种放在光下照射或人为对菌丝进行破坏处理，如变红或紫红色，即可确认是红托竹荪菌种。注意，菌丝刚长满瓶（袋），菌丝未变红、未萎缩脱试管壁、未吐黄水的菌种可用。

79. 红托竹荪原种和栽培种培养基如何制作？

生产中，红托竹荪原种和栽培种的培养基配方一致：木屑（或竹屑）78%、麦麸（或米糠）15%、玉米面3%、黄豆粉1.5%、石膏粉1%、蔗糖1%、磷酸二氢钾0.2%、硫酸镁0.3%、水分65%，原种宜采用瓶装，栽培种宜采用袋装。高压灭菌温

度为121℃、压力为0.1兆帕，时间2.5～3小时；常压灭菌温度
为100℃±5℃，常压，时间12～16小时。

80. 如何控制红托竹荪原种和栽培种质量？

原种和栽培种置于25℃培养，培养过程中要经常进行筛查，
淘汰不萌发、萌发慢、生长不良和污染的菌种瓶（袋）。萌发
快、菌丝浓密、洁白、均匀，大多数菌种瓶（袋）比较一致即
为优质原种和栽培种。

注意：①如不熟悉时，可取一瓶（袋）原种和母种放在光
下照射或人为对菌丝进行破坏处理，如变红或紫红色，即可确
认是红托竹荪菌种。②菌丝刚长满瓶（袋），菌丝未变红、未萎
缩脱瓶（袋）壁、未吐黄水的菌种可用。③袋装菌种，最好采
用窝口接种，装料要松紧适宜，不宜堆压培养、贮存和运输，
宜直立装筐培养、贮存和运输。

81. 红托竹荪出菇菌棒如何制作？

出菇菌棒可采用熟料制作或发酵后熟料制作两种方式。

（1）熟料菌棒制作。主要是一次性按配方配好，再装袋灭
菌。主要配方：①阔叶木屑（或竹屑）配方。木屑（或竹屑）
80%、麦麸（或米糠）14%、玉米面2%、黄豆粉1.5%、石
膏粉1%、蔗糖1%、磷酸二氢钾0.2%、硫酸镁0.3%、水分
60%。②秸秆配方。秸秆（玉米秸秆、薏仁米秸秆、高粱秆、
玉米芯类、竹草、巨菌草等）80%、麦麸（或米糠）14%、玉
米面2%、黄豆粉1.5%、石膏粉1%、蔗糖1%、磷酸二氢钾
0.2%、硫酸镁0.3%、水分60%。③混合配方。阔叶木屑（或
竹屑）40%、秸秆（玉米秸秆、薏仁米秸秆、高粱秆、玉米芯

类、竹草、巨菌草等）40%、麦麸（或米糠）14%、玉米面2%、黄豆粉1.5%、石膏粉1%、蔗糖1%、磷酸二氢钾0.2%、硫酸镁0.3%、水分60%。

（2）发酵料菌棒制作。用麦麸或米糠辅料14份＋精料玉米面2份和黄豆粉1.5份＋蔗糖培养发酵菌剂1份，再按此活化菌剂10%添加量发酵主料，发酵结束后添加磷酸二氢钾0.2%和硫酸镁0.3%。

①阔叶木屑发酵配方。阔叶木屑（或竹屑）88%、活化菌剂10%、石灰1%、石膏1%、水分60%。

②秸秆类发酵配方。秸秆（玉米秸秆、薏仁米秸秆、高粱秆、玉米芯类、皇竹草、巨菌草等）88%、活化菌剂10%、石灰1%、石膏1%、水分60%。

③松杉木屑类配方。松杉锯末88%、活化菌剂10%、石灰1%、石膏1%、水分60%。

④松杉混合配方。阔叶木屑（或竹屑）或秸秆（玉米秸秆、薏仁米秸秆、高粱秆、玉米芯类、竹草、巨菌草等）44%、松杉锯末44%、活化菌剂10%、石灰1%、石膏1%、水分60%。

高压灭菌温度为121℃，压力为0.1兆帕，时间2.5～3小时；常压灭菌温度为100℃±5℃，常压，时间12～16小时。

82. 如何控制红托竹荪栽培菌棒质量？

菌棒置于25℃培养，培养过程中要经常进行筛查，淘汰不萌发、萌发慢、生长不良和污染的菌棒。萌发快，菌丝浓密、洁白、均匀，大多数菌棒比较一致即为优质菌棒。

注意：①如不熟悉时，可取一菌棒放在光下照射或人为对菌丝进行破坏处理，如变红或紫红色，即可确认是红托竹荪菌棒。②菌丝刚长满袋，菌丝未变红、未萎缩脱袋壁、未吐黄水的菌种可用。③袋装菌种，最好采用窝口接种，装料要松紧适宜，手捏不易变形，17厘米×35厘米的袋子装料后重量为1.2千克±0.1千克，不宜堆压培养、贮存和运输，宜直立装筐培养、贮存和运输。

83. 红托竹荪栽培季节如何安排？

传统栽培方法发菌时间较长（2～3个月），要确保一年有7～8个月的生长期。而菌棒栽培不需发菌，即直接形成菌束爬出土壤，形成原基，一年需5～6个月的生长期。两种方法季节安排有别。不同海拔由于气候特点不同，季节安排也不一样。

①传统栽培季节安排。适宜在中高海拔（800～1600米）栽培，中海拔（800～1400米）区域4月之前完成栽培，较高海拔区域（1400～1600米）3月之前完成栽培。

②菌棒栽培季节安排。适宜在各种海拔区域栽培，低海拔（800米以下）适宜10月栽培，翌年4月完成采收；中海拔（800～1400米）6月之前完成栽培，11月完成采收；高海拔（1400～1600米）4月之前完成栽培，10月完成采收。

84. 红托竹荪栽培前要作什么准备工作？

不同栽培方法的准备工作有所不同，传统栽培方式一定要建棚，菌棒栽培方式既可林下仿野生栽培，也可大棚栽培。栽培大棚每棚面积控制在300米^{2}以内，简易棚高度控制在1.8米，遮阴度达到0.7左右；层架栽培大棚控制在180～210米^2，肩高3.5米，棚内和棚周开挖好排水沟以防止积水。需要有良好的隔热和通风措施，如采用棚顶和侧面覆盖草帘、杉树叶子、作物秸秆或隔热棉，起到良好的隔热效果，可以有效地防止夏季温度过高和冬春季节温度过低。大棚用顶部或侧面安排卷膜器、水帘和风机等，可以起到通风调节空气和温度的作用等，还可以考虑建立控温大棚，采用地下水循环的方式夏季降温、冬季升温（配锅炉）。

85. 红托竹荪如何播种？

①传统栽培播种方法。将地块翻耕后，筛取作为覆土用的细土。将地块作床，床宽90厘米，床间沟宽30厘米、深10厘米，长20米或依据地块形状决定菌床的长短。新鲜或自然干燥的、无发霉变质的阔叶树树枝或小径材材料，截为5～7厘米的节段，新鲜材料浸水1～2小时，干燥材料浸水24～36小时，煮沸1～1.5小时或利用高锰酸钾消毒处理。就地筛出所用覆土，剔除石块杂物；采集鲜松针和无霉变的干松针。铺第一层料，厚10厘米，宽80厘米，重量为10千克左右，横向排齐，拍平压实。播第一层菌种，掰为核桃大的种块，均匀撒布在已经排好的料面上，种块之间距离为5厘米左右。每平方米用种6～7瓶。撒夹心泥，即用已经筛取和消毒好的细土，用量以盖住菌种块可见种块痕迹为度。铺第二层料，厚10厘米，宽50厘米，重量为5千克左右，横向排齐，拍平压实。播第二层菌种，掰为核桃大的种块，均匀撒布在已经排好的料面上，种块之间距离为8厘米左右。每平方米用种3～4瓶。撒花料，厚2～3厘米，略微盖住菌种块为度。覆土，用已经筛取和消毒好的细土覆盖整个床面，厚3～4厘米，不得露出材料和菌种块。覆盖松针，将已经准备好的松针覆盖在已经栽培完成后的床面上，厚5厘米左右。

②菌棒栽培播种方法。可大棚地面床栽或层架栽培，也可以林下仿野生床栽或小窝化栽培，也可以菌床宽度60厘米，选取无污染和未老化的菌棒，脱袋，每平方米放置20个菌棒，覆盖3～4厘米厚度，覆盖松针2厘米或覆盖防水布保湿。

86. 红托竹荪出菇管理阶段的关键是什么？

（1）发菌管理。菌棒脱袋覆土、菌床浇基内水，基料播种覆土、菌床浇表面水，然后覆盖一层地膜进行保温保湿，刺激菌丝恢复生长，发菌生长期间采用通风方法调节棚内温度，过高开棚通风降温，过低关棚保温，使棚内温度保持在20～30℃，直到菌丝出土生长。

（2）育蕾管理。发菌结束后，揭开地膜，通风1天后覆盖粒径小于0.5厘米的细土，浇表面水，棚昼闭夜开，加大温差，刺激竹荪菌丝扭结形成原基。1周后昼开夜闭，保持棚内相对恒定的温度，使原基发育形成菌蕾，棚内温度过低或过高也可采用常闭或常开。

（3）出菇管理。在菌蕾直径达到1厘米前，禁止直接向床面浇水，向空气中喷雾状水调控湿度，随后可以向菌床直接喷水。出菇管理期间，床面和空气湿度分别控制在60%～65%和85%～95%，光照强度为100～200勒克斯或为散射光，温度为22～26℃，中午及闷热天气宜开棚通风，直到破壳出菇形成子实体。

87. 在红托竹荪栽培中，如何进行红托竹荪病虫害防控？

（1）病害防治。

①杂菌防治。为防止杂菌感染造成减产损失，竹荪不宜连作，应改种水稻，3年后方可重新种植竹荪。菌丝管理期间，发现杂菌，

立即用石灰覆盖外加薄膜消毒。出菇期出现杂菌，竹荪未展裙前可喷洒金霉素水溶液，严重时喷洒0.1%多菌灵药液防治。

②黏菌病防治。常发生在畦面裸露土或覆草上，呈乳白色、黄绿色、橙黄色，黏糊状，会变形运动，会导致菌丝生长受抑或消亡，竹荪菌蕾受害呈水渍状、霉烂。加强通风，初期可用多菌灵、硫酸铜500倍液、10%漂白粉、70%甲基硫菌灵1000倍液连续喷洒3～4次。

③烟灰菌病防治。在高温高湿的环境中发生，初期在覆土层菌丝呈脏白色绒毛状，很快变成粉红色、黑色，菌落呈深烟灰色，并产生大量的黑色孢子。会导致菌丝断裂，直至死亡。直接对着脏白色绒毛状菌丝喷洒3%石炭酸或2%甲醛；用福尔马林20倍液＋70%甲基硫菌灵可湿性粉剂700倍液喷施黑色孢子。严重时，挖出病处菌丝和培养料，撒新鲜石灰，并用塑料膜将病患处盖住。

（2）虫害防治。向培养料中加入3%～5%的茶籽饼粉或用煮好的茶籽饼水拌培养料，可有效地防治虫害。

①螨虫防治。高温、高湿时易暴发，螨类能咬断菌丝，导致菌丝萎缩，也能咬竹荪菌球，传播病菌，导致减产或绝收。可用2.5%天王星2000倍液或70%螨特200倍液等专用杀螨剂进行喷杀。

②蛞蝓防治。蛞蝓即"鼻涕虫"，主要吞噬竹荪菌蕾，造成菌蕾穿孔。可用杀螟磷直接喷杀或在蛞蝓出没的地方喷洒5%煤酚皂溶液、50%食盐水滴杀。或用1：50：50的砷酸钙、麸皮、水置于蛞蝓出没处诱杀。

88. 红托竹荪如何采收、分级和烘干？

菌柄较脆，易断，采收时需特别小心；采收时要不影响到旁边的竹蛋，避免自溶孢子将菌柄弄脏后难以清洗。

①竹蛋采收。商品竹蛋采集期为尖顶期竹蛋，采摘时间为上午10～12时。采摘时，一手托住竹蛋，另一手用小刀将竹蛋从基部割下。采收过程中，尽量不要破坏下面的菌丝和周围的菌蕾。采收时应保持清洁，外观形态完整。

②竹花采收。竹花采收期为破壳后，子实体开始或已经撒裙时，采摘时间一般为上午。采摘一般分为3步：揭盖、割花、去托。

③清洗。将菌盖摘下用50～70℃的温水浸泡5～6小时后，清水冲洗即可。如果有充足的时间，可以用冷水浸泡过夜后清洗，这样能较好地保持菌盖的品质，其他部位不用清洗。

④烘干。红托竹荪子实体采收后应及时烘干，延长干制时间将直接影响品质，一般采收后2小时内烘干。烘干不能用煤火直接烘烤，需用热风烘干或电热烘箱烘干。采用低温烘干法可保持红托竹荪的原形与色泽，即先55℃烘4小时，之后45℃烘6小时。烘烤过程中，需要注意排湿，避免在高温高湿条件下，引起红托竹荪发黄现象。红托竹荪以菌柄无严重皱缩、颜色洁白，菌盖灰白色，菌柄与菌盖完整为佳。

89. 红托竹荪如何包装贮运？

烘干后回潮10分钟进行装袋，可放置在较厚的不透气的大塑料袋里保存，回潮太久不易保存。塑料袋置于阴凉干燥的冷库贮存，一般要求仓库湿度低于30%，避免干品红托竹荪吸湿后发黄。暂时销售不了的红托竹荪每月打开塑料袋晒一下太阳或排湿，否则，湿度升高，红托竹荪会变黄甚至腐烂，影响价值。

▶ **（四）冬荪**

90. 冬荪有几种？

冬荪，又称为竹下菌、男荪、无裙荪等，包括白鬼笔（*Phallus impudicus* L.）（图3-1）、重脉鬼笔[*Phallus flavocostatus* k.]（图3-2）和香笔菌（*Phallas Fragrans* M.zang）（图3-3），隶属担子菌门（Basidiomycotina）、伞菌纲（Agaricomycetes）、鬼笔科（Phallaceae）、鬼笔属（*Phallus*）。

图3-1　白鬼笔

图3-2　重脉鬼笔

图3-3　香笔菌

91. 野生冬荪生长在什么地方？

自然条件下，野生冬荪主要分布于林下腐殖质层中单生或群生。其出菇温度较低，子实体在秋冬季节开伞。主要分布于贵州、四川、云南、安徽、广东、湖北、江苏、山东、西藏、河南、陕西、辽宁、吉林等地。

92. 冬荪形态特征如何？

冬荪的营养生活阶段由营养菌丝组成。

菌丝体为冬荪的营养器官，有丝状、线状、索状等，起分解基质和吸收、贮存和运输营养的作用，使菇体得以生长发育。在马铃薯葡萄糖琼脂培养基（PDA）上，菌落绒状白色，有或无菌丝束。营养菌丝光滑无色，有隔，有明显的锁状联合。

菌索是由菌丝体组成，有粗菌索、细菌索（图3-4）。粗菌索又分为两种，一种为菌索外周有表面菌丝体，形成绳索状或条纹状，中心由纵向菌丝体组成；另一种主要由纵向菌丝体组成。纵向菌丝体对子实体的形成影响很大。

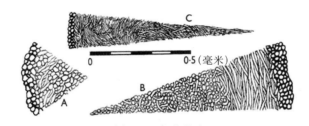

图3-4　冬荪菌索

A.细根状体，主要由大的、纵向的菌丝组成

B.粗根状体，外周菌丝和纵向菌丝仅在中心

C.粗大的根状菌，菌丝很细，向四周延伸

营养菌丝体积累到一定时间，在适宜的温度和湿度下，形成菌蕾，俗称竹蛋。近成熟的竹蛋长圆至卵圆形，直径2.5～12厘米，基部有一丛菌索，包被白色、污白色，有时淡红色或丁香色，地上生或半埋土生。菌蕾由包被、子实体组成，包被包裹子实体（图3-5）。包被由外皮层、胶质体、内皮层组成。子实体由产孢组织菌盖、菌柄组成（图3-6）。胶质体主要由糖类组成。

竹蛋成熟时从顶部开裂，在适宜的湿度下，子实体从开裂处伸出，菌柄伸长，带有产孢组织菌盖暴露于空气，部分子实体菌盖下方有残菌幕。菌柄白色，有圆形小孔，海绵状，中空，中部稍大，两端变小，上端渐狭细；菌盖钟状，与菌柄相连，表面有大而深的网格，成熟后顶端领口状、盘状，有些反卷，有穿孔；孢子体覆盖在菌盖网格内表面，青褐色、黑褐色，黏稠、有恶臭或香味（图3-7）。

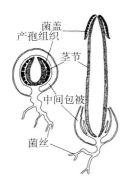

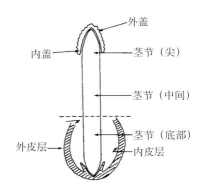

图3-5　菌托结构1　　　　　　　图3-6　菌托结构2

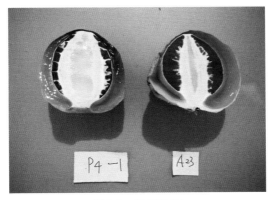

图3-7　竹蛋纵切

在大小方面，白鬼笔大，纵脉鬼笔居中，香笔菌最小。从颜色方面，白鬼笔和香笔菌是白色或污白色，纵脉鬼笔为淡黄色。在菌柄质地方面，白鬼笔较粗，纵脉鬼笔和香笔菌较滑嫩。人工栽培的子实体大小比野生的大。

93. 冬荪生长发育有何特点？

担孢子萌发形成菌丝，通过菌丝分解腐竹和木材的有机物质取得营养，进入生殖生长阶段，菌丝体形成无数菌索，在其前端纽结膨大发育成原基，在适宜条件下，经过1个多月生长，原基形成菌蕾，状如鸡蛋。当菌蕾顶端凸起呈桃形时，多在晴天的早晨由凸起部分开裂，先露出菌盖，菌柄相继延伸，到中午柄长到一定高度时停止伸长（图3-8、图3-9）。

图3-8　冬荪菌索原基及小竹蛋　　　　图3-9　不同发育期冬荪蛋

94. 冬荪有何营养价值？

冬荪是一种珍稀食用菌，菌体洁白，久煮不糊，味道鲜美，口感松脆、细嫩、爽口、香味浓郁、营养丰富，是一种极佳的营养滋品。冬荪各部分和重量成分不尽一致（表3-2）。

表3-2　白鬼笔各部分的营养成分含量

项目	干重（克）	占总重的百分比（%）	总糖（%）	脂肪（%）	N（%）	灰分（%）
孢子	0.574	14.2	64.8	0.97	2.03	12.8

（续）

项目	干重 （克）	占总重的百分 比（%）	总糖 （%）	脂肪 （%）	N（%）	灰分（%）
菌盖	0.585	14.6	51.8	2.06	2.35	4.6
菌柄	1.181	29.3	36.5	0.47	2.55	8.2
菌托皮	0.87	21.6	43.7	2.17	2.34	5.7
胶质层	0.814	20.2	58.0	0	1.47	7.3
总数	4.024	—	48.2	1.04	2.20	6.3

目前，我们应用是菌柄和菌盖，而孢子、菌托利用较少，加大对孢子、菌托的开发。

冬荪子实体中含有丰富的营养成分，有21种氨基酸，8种为人体所必需，约占氨基酸总量的1/3，其中谷氨酸含量尤其丰富，占氨基酸总量17%以上，冬荪富含多种维生素和多种微量元素以及多糖等活动物质，有较高的营养、保健价值。

冬荪菌柄可入药，药性为甘、淡、性温，有活血止痛、祛风除湿的功效，还具有抗癌活性。取冬荪菌柄部位煎汁可作为食品短期防腐剂。

95. 冬荪产业发展基本情况和市场前景如何？

我国冬荪人工栽培起源于贵州省大方县，在20世纪80年代，有商贩收购野生冬荪销往四川、江浙一带。到90年代初期，大方县出现自行分离菌种栽培冬荪，主要分布在凤山、百纳、星宿等东片区乡镇。90年代后期，由于市场价格不理想，栽培面积下滑，导致冬荪产业在10多年的时间内没有发展。2011年后，到大方县收购中药材的山货商反馈，外省有人收购冬荪，且价格是竹荪的两倍左右，于是，大方县农户又逐年增加栽培面积，2013年产量合计2吨左右，产地批发价格800～900元/千克；2014年总产量6吨左右，产地批发价500～700元/千克；2015年，大方县及周边地区栽培约2 000亩，干品产量约200吨，产地批发价格400～600元/千克；2016年，"大方冬荪"获得国家质检总局国家地理标志产品保护认证，被列入大方县农业板块经济和恒大产业化扶贫产业，产业投入加大，2016年冬荪产业发展迅速，大方县及周边地区栽种大约15 000亩，干品产量1 000吨左右，产地批发价格400～500元/千克，主要销售网点为昆明、武汉、广州、贵阳和成都等地。

自2014年开始，冬荪受到业内人士重视，产业逐步发展壮大，向贵州省其他地区辐射推广。2015年，贵州习水县、纳雍县、织金县、安龙县等都开始引进试种并获得成功。2016年，贵州省人民政府将冬荪作为特色品种列入全省食用菌产业裂变发展方案。冬荪在国外有少量栽培的报道，但并未形成规模。

冬荪种植采收都在每年10月至翌年3月，皆在农闲时节，不耽误农忙时间，给农户能带来经济增收。冬荪野生资源的传统采集主要集中在毕节大方的乌蒙山区，因其资源丰富、品质高而受到欢迎。在野生资源主产地进行人工仿野生栽培，产品品相优，已成为当地特色优势产业，成为了其他地方很难取代的标志性产业，其地位与织金竹荪相当。

近年来，冬荪种植技术不断完善，产量和品质趋于稳定，在市场和政府的双重引导下，冬荪种植户越来越多，规模也越来越大。目前，大方冬荪也在逐渐探索新的发展思路，加强技术引进与科技创新和服务，建立冬荪产业数字平台，打造"大方冬荪"区域公用品牌，不断提高产业竞争力。

96. 冬荪主要栽培方法是什么？

冬荪的栽培方法多样。

①按栽培环境分，目前主要有层架式栽培（图3-10）、林下仿野生栽培（图3-11至图3-13）和大田栽培。层架式栽培是搭建大棚进行栽培的方法，林下栽培一般为小窝式栽培法（图3-12），大田一般采用沟式栽培法（排水不良的田地使用畦床栽培法）。层架式栽培不受空间地理限制，集中生产管理，方便节

图3-10　层架式菌床栽培冬荪

图3-11　林下房前屋后栽培冬荪

图3-12　林下小窝式套种冬荪

图3-13　林下箱式栽培冬荪

约；林下仿野生种植节约土地，充分利用荒地、荒山资源，但是不便于环境控制和管理；大田栽培又常与农作物如玉米、火麻等进行套种（图3-14、图3-15），农作物能为冬荪遮阴，提供充足的氧气，冬荪利用作物间土地资源，不浪费土地，但必须做好排水和浇水工作。

图3-14　玉米地套种冬荪

图3-15　山地冬荪

②按栽培基质分，有纯木块栽培法、木块木屑栽培法、木块秸秆栽培法等。最传统的是纯木块栽培法，即将木材切成小块栽培，此法木材用量大，容易造成环境破坏，并且不适宜规模推广，栽培地有限。而将木块打成木屑，用秸秆（如玉米秆、火麻秆）代替木材用于冬荪栽培是在此技术基础上的提升，但是由于冬荪生长周期长，所以使用纯木屑、纯秸秆栽培冬荪，后期将营养不足，并且容易发生杂菌感染，影响产量。还可利用林下枯枝落叶、杂草等作为栽培原料，可减少森林火灾发生。

另外，还有盆栽、框栽、立体式栽培、脱袋覆土出菇等栽培方法。

层架式栽培和仿野生栽培是两种主要的冬荪栽培模式。仿野生栽培不需要搭建大棚，栽培方法简单易行，在农村地区原料容易获取，林地面积大，是在农村山区推广比较可行的方法

（图3-15至图3-18）。层架式栽培能集约化生产，所用原料为农作物秸秆，不占用土地，管理方便，绿色环保可持续发展，是冬荪栽培工厂化的首选方法。

图3-16 冬荪与火麻套种

图3-17 竹林栽培冬荪

图3-18 竹林栽培冬荪竹蛋

97. 适宜冬荪生长的碳源有哪些？

冬荪介于木腐菌和草腐菌之间，自然状态下，以枯树和竹根、枝和叶等为营养源，其碳源有葡萄糖、蔗糖、淀粉、纤维素、木质素等，冬荪试管种培养基一般以木屑培养基为主，栽培基质一般以木屑、农作物秸秆、火麻秆为主。

98. 适宜冬荪生长的氮源有哪些？

氮源是冬荪生长不可或缺的，试管种常用氮源为蛋白胨、牛肉膏、酵母粉等。栽培基质主要氮源为麦麸或米糠。

99. 冬荪不同生长阶段培养基碳氮比有何不同？

碳氮比（C/N）直接影响冬荪生长时间和产量。冬荪菌种培养料适宜的碳氮比为（15 ～ 20）：1，栽培料适宜的碳氮比为（30 ～ 40）：1。若氮源不足，则会影响产量；若氮源过多，不但造成浪费，还会造成菌丝过度生长，而影响原基分化，出菇量少。一般木屑的碳氮比为300：1，玉米秆为97：1，麦麸20：1，花生饼8：1等，因此栽培时可以适当添加一定量的氮源，特别是使用木屑、秸秆栽培时，需要添加一定的麦麸补充氮源，保证冬荪生长。

100. 冬荪生长需要添加哪些无机盐？

冬荪生长需要的无机盐有两类，即常量元素和微量元素。常量元素有硫、磷、钙、钾、钠、镁等；微量元素有铁、锌、铜、锰、铬、硒、钼等。冬荪培养料除了需要添加常量元素之外，微量元素一般不用添加。在生产配方中，常添加少量的矿物质和无机盐，如石膏、硫酸镁、磷酸二氢钾等。

101. 冬荪不同生长阶段对温度的要求如何？

冬荪的生长发育需要在一定的温度条件下进行，冬荪生长的温度范围为5 ～ 32℃，最适宜温度为18 ～ 22℃，不同品种不同生长时期的最适温度不相同。冬荪菌丝生长温度10 ～ 30℃，最适温度20 ～ 22℃，菌种培养时需要减少温差，减少冷凝水形成；若是仿野生栽培，播种时需避开低温期和高温期，以当年10 ～ 12月、翌年3 ～ 4月为宜。若是高海拔地区，由于有效积温低，尽量提前播种。冬荪原基分化温度为15 ～ 30℃，最适温度20 ～ 25℃，若温度过低，则导致分化数量少，形成原基少；若温度太高，则容易造成原基干瘪死去。冬荪菌蕾生长温度为8 ～ 30℃，最适温度为18 ～ 25℃，温度过低菌蕾生长缓慢，温度过高容易导致菌蕾不可逆失水干瘪或死亡。子实体开伞期温度为1 ～ 30℃，最适温度为18 ～ 20℃，冬荪开伞耐受温度范围广，只要没有结冰都可以开伞，若温度过高，则会使子实体失水，难以开伞；温度越低，开伞速度越慢，开伞时间越长。

102. 冬荪生长对水分和湿度有何要求？

冬荪菌蕾和子实体的含水量较大，子实体的含水量在92%左右，菌托含水量高达97%。冬荪菌种培养料的含水量以65% ～ 70%为宜，水分过少不发菌，水分过大容易在瓶底积水，菌丝无法生长。菌丝培养空气湿度保持在55% ～ 60%即可，湿度过高易感染杂菌。在子实体原基分化和生长阶段，空气相对湿度以80% ～ 90%为宜，若低于50%，则原基不分化，即使分化也会因缺水而枯萎死亡。子实体开伞湿度以70% ～ 90%为宜，若湿度过低，则菌蕾容易失水不开伞；若湿度过高，则菌蕾顶端容易发霉感染。

103. 冬荪生长对氧气有何要求？

冬荪同竹荪一样，属极好氧菇类，对氧气的需求量比其他的食用菌要多。菌丝生长阶段需要在瓶子里留少量的空间、装料不能太紧，并且保证换气良好，否则缺氧菌丝逐渐衰弱，缩短寿命。冬荪原基分化和生长期需要加强通风，而仿野生栽培无需采取通风措施。若采用大棚层架式栽培，则需要加强通风，保持空气新鲜，并降低二氧化碳浓度，否则易造成菌蕾生长缓慢，严重时菌蕾缺氧死亡。

104. 冬荪生长需要光照吗？

冬荪同普通食用菌一样，菌丝生长不需要强光，强光会抑制菌丝生长，因此，菌种培养室需要遮光。光线对冬荪的原基分化影响不大，一般原基形成于遮盖物下方，要求光强不超过400 ~ 600勒克斯。冬荪菌蕾生长和开伞不需要光照，黑暗条件下菌蕾皆能正常生长和开伞，有光线反而降低菌蕾生长和开伞速度，因此冬荪在夜间开伞较多，白天开伞较少，自然采摘也一般选择在早上采摘。

105. 冬荪生长对酸碱度有何要求？

冬荪比较适宜微酸性条件，菌丝在pH 5.0 ~ 8.5的范围内均能生长，最适pH为5.5 ~ 6.5，过酸和过碱都不利于冬荪的生长发育。在冬荪生长过程中，pH会降低，因此培养料制作过程中不建议使用过多石灰。

106. 目前，冬荪的主栽培品种有哪些？

（1）黔冬荪1号。为贵州省农业科学院农作物品种资源研究所筛选，为白鬼笔生物种；菌蕾长圆至卵圆形，（3.5～5）厘米×（3～4.5）厘米，基部有一丛菌索，包被白色至淡青色，顶裂后遗留在柄的基部成一菌托；子实体高可达25厘米；菌盖钟状，（6～8）厘米×（2～3.5）厘米×（0.2～0.3）厘米，白色，成熟后顶端外翻，中央有一穿孔；菌盖表面有深网格，附有一层暗青褐色、黏臭的孢体，柄长（8～15）厘米，粗3厘米以上，白色，海绵质且透气，中空，柄下半部由3～4层、上半部由2层小腔组成，近圆柱状，柄两端稍细；盖与柄不易分离，且有退化的菌裙；菌托与柄之间有层内膜。

（2）黔冬荪2号。为贵州省农业科学院农作物品种资源研究所筛选，为白鬼笔生物种；菌蕾长圆至卵圆形，（2.5～3.6）厘米×（2～3）厘米，基部有一丛菌索，包被白色至淡青色，顶裂后遗留在柄的基部成一菌托；子实体高一般不超过20厘米；菌盖钟状，（3.5～4.5）厘米×（3～3.5）厘米×（0.2～0.3）厘米，白色，成熟后顶端圆形外翻，中央有一穿孔；菌盖表面有明显网格，附有一层暗青褐色、黏臭的孢体；柄长8～12厘米，粗2.5厘米左右，白色，肉质不透气，中空，柄下半部由4层、上半部由2～3层小腔组成，近圆柱状，柄中下端一致，顶端偏粗；盖与柄易分离，没有退化的菌裙；菌托与柄之间有层内膜。子实体大小较黔冬荪1号小。

（3）黔冬荪3号。为贵州省农业科学院农作物品种资源研究所筛选，为重脉鬼笔生物种；菌蕾卵圆形，高3厘米，直径约2厘米，基部有一丛菌索，包被白色，顶裂后遗留在柄的基部成一菌托；子实体高一般 15～25 厘米；菌盖钟状，（2.5～4）厘米 ×（2～3）厘米 ×（0.2～0.3）厘米，淡黄色或黄色，成熟后顶端平截外翻，中央有一穿孔；菌盖表面有明显大网格，呈蜂窝状，附有一层暗青褐色、黏臭的孢体，孢子长椭圆形，（17.4～20.8）微米 ×（9.6～11.5）微米，无色至稍有色，平滑；柄长10～16 厘米，粗 1～2.5 厘米，黄色或淡黄，海绵质透气，中空，柄由 2～3 层小腔组成，近圆柱状，柄顶端尖，中下端粗细一致；盖与柄易不分离，没有退化的菌裙；菌托与柄之间有层内膜。

107. 如何选择冬荪菌种？

需选用菌龄 3～4 个月的优质菌种，无污染，外观菌丝白色、浓密，长满或接近长满，无老化和萎缩现象。

108. 什么时间适合栽培冬荪？

冬荪是一种低温型菌类，菌龄长、出菇晚，适宜在温凉且湿度较高地区栽培。播种时间在当年的 10 月至翌年 3 月，但是要尽量避免霜雪天气，以免冻坏菌丝。3～5 月为冬荪菌丝生长期，6～7 月冬荪原基分化形成菌蕾，8～9 月为菌蕾生长期，9～12 月菌蕾开伞长出子实体，即采收期。近年来，贵州省海拔 1 000～1 500 米区域也试种成功，栽培时间可以安排在5 月，采收季节 11 月（图 3-19、图 3-20）。

图3-19　山地种植冬荪　　　图3-20　冬荪种植材料摆放

109. 冬荪如何仿野生栽培？

冬荪人工栽培方法较多，目前以室外栽培为主。下面主要介绍仿野生栽培的林下小窝式和大田栽培两种方法。

林下小窝式栽培方法和大田栽培方法的区别如下：

①林下小窝式栽培。林下空间有限，难以挖沟作畦，一般采用因地制宜的小窝式栽培法，并且林中有遮蔽物，无需栽培其他植物进行遮阴。

②大田栽培。大田或荒地中挖沟作畦容易，一般采用沟式或作畦栽培，在不易积水的坡地采用沟式栽培，即挖沟放料栽培，在易积水的平地或洼地需采用畦床栽培，做好排水沟排水，否则积水导致冬荪菌丝无法正常生长。

栽培流程如下：季节和场地选择→材料准备→挖窝或挖沟→铺放下层菌材→摆放菌种→铺放竹叶、撒白糖及上层菌材→覆土与覆盖物。

110. 如何选择冬荪栽培场地？

林下小窝式栽培应选择郁闭度0.2 ～ 0.7的树林或竹林，以有箭竹生长的树林为佳；无大型野生动物出没，树林通风良好，土壤肥沃、质地疏松，夏季地表无太多阳光直射，空气相对湿度70%～85%，不宜选择白蚁活动频繁的地方。

大田栽培应尽量选择通风良好、土壤肥沃疏松、夏季凉爽、空气相对湿度70%～85%、土壤湿润好、雨季不积水的田地或坡地。不宜选择白蚁活动频繁的地方。

111. 可以选择哪些菌料栽培冬荪？

主要菌料为阔叶树木材、树枝，以青冈树、毛栗树为优，菌料缺乏地可掺杂少量阔叶杂木，如桦树、杨树等。辅助材料可采用林中常见的箭竹枝、竹叶等。覆盖物一般以第一年的干松针、阔树叶或蕨草为宜，并且比较常见。另外，还可用木屑、农作物秸秆、火麻秆、果树修剪枝、枯枝落叶等代替部分木材栽培，如玉米秆、火麻秆、苹果树修剪枝、猕猴桃修剪枝等，但野外栽培不宜使用黄豆秆、玉米芯等，因为野外鸟类、动物对此类植物嗅觉灵敏，会破坏栽培地，影响产量。

112. 冬荪栽培的主要配方有哪些？

①阔叶树木块35千克/米²，冬荪菌种2千克/米²，白糖或麦麸0.15千克/米²，箭竹叶或阔叶树树叶1千克/米²。

②阔叶树木块18千克/米²，冬荪菌种2千克/米²，白糖或麦麸0.15千克/米²，箭竹叶或阔叶树树叶1千克/米²，玉米秆5千克/米²或火麻秆12千克/米²或果树修剪枝15千克/米²。

③阔叶树木块18千克/米²，冬荪菌种2千克/米²，白糖或麦麸0.15千克/米²，箭竹叶或阔叶树叶1千克/米²，粗木屑10

千克/米^2。

113. 冬荪栽培材料如何处理？

将新鲜的阔叶树木材切割成长5～10厘米、厚度2～5厘米大小的块。新鲜的箭竹用铡刀切成5～8厘米长度，随用随切，不能使用存放时间长而发霉的箭竹。其他材料如农作物秸秆、火麻秆、修剪枝的除了切割成5～10厘米长度之外，还需要提前浸泡1天，然后拿出沥水，至不再有大量水滴渗出后使用。

114. 如何栽培冬荪？

（1）挖窝或挖沟畦。在选好的地块上先把地块表面上的枯枝烂叶及表层的腐殖层刮在一旁，然后进行挖窝或挖沟畦。

林下挖窝要求：每窝坑深12厘米、宽40厘米、长60厘米，亦可根据林下实际情况对尺寸适当调整，但宽度不宜超过60厘米，长度不宜超过1米，窝与窝之间相隔至少30厘米。

大田栽培挖沟畦要求：尽量选择排水良好的地块进行沟式栽培，沟的宽度为30厘米，根据地块大小长度，在1～10米不等，若地块宽度超过10米，需从中隔断30厘米左右，再另起沟畦。

两种方法均要求坑底平整，底层留3～4厘米的疏松土壤。

（2）铺放下层菌材。将准备好的木材块铺放在底层并压实，以看不到土壤为宜，厚度6～9厘米，铺材时尽量均匀。

（3）摆放菌种。将称好的菌种掰成4～6厘米大小并摆放在铺好的木材上，菌种与菌种之间距离为10～15厘米。小窝式栽培菌种用量在12小块左右，沟式栽培一般每沟3排菌种。

（4）铺放竹叶、撒白糖及上层菌材。摆好菌种后再铺上一层箭竹，用量以盖住底材为准，再撒上少许白糖，接着再铺上一层菌材（下层菌材以木材为主，上层菌材除了使用菌材外，可以用农作物秸秆、火麻秆、木屑、果树修剪枝、枯枝落叶等代替），菌材盖住菌种和竹叶即可。

（5）覆土与覆盖物。都放好后，盖上疏松、干净、无明显杂菌生长的土壤，覆土约5厘米为宜，覆土形状呈微弧形隆起，最后再覆上1厘米左右厚度的无杂菌污染的松针或枯蕨草。

115. 栽培冬荪有哪些注意事项？

覆盖物的用量应适宜，若太厚，则菌丝直接长在覆盖物上，分化形成原基，形成无效菌蕾，影响产量；若太薄，则会导致冬荪蛋易受到太阳灼伤。覆土不能用容易板结的土，并且土中不能有太多杂草根（如蒿草），若使用则需要在使用前清理。另外，大田栽培冬荪，可与玉米、火麻套种，即按上述方法栽培冬荪后，在其间栽培玉米或火麻，玉米和火麻可为其遮阴。其中玉米栽培的株距与当地玉米品种的栽培株距一致；火麻栽培株距60厘米、行距80厘米。

116. 冬荪生长期管理的关键点有哪些？

（1）人畜管理。仿野生林下栽培，应防止动物破坏。田地栽培要防止人畜践踏及蚂蚁、老鼠等动物的破坏。

（2）湿度管理。栽培冬荪的湿度非常关键，在湿度管理过程中要控制栽种材料的湿度，保证菌丝生长阶段土层内及其土层表面不能发白、变干，确保内层材料的湿润及菌丝生长粗壮密集。若土层发白、变干时，可洒少量水，加盖木叶，但下雨时节不能让太多的水流入材料内，以免造成湿度过大，淹死菌丝。

（3）光照管理。冬荪喜欢在阴凉潮湿的环境中生长，菌丝生长时不需要光照，以半阴半阳的条件下生长为最佳，林下种植模式成为冬荪高产的较佳选择。如采用耕地种植可套种玉米、火麻等农作物，以防止太阳暴晒，特别是刚长出的小菌蕾生命力比较弱，如经太阳暴晒，过干、过湿的都容易使菌蕾死亡；另外冬荪菌蕾生长期间也不能有长期的暴晒，否则菌蕾皱缩失水后很难开伞，或开伞菌柄会折断，影响品质，因此需要经常关注覆盖物，防止菌蕾直接暴露在光照下失水皱缩。

117. 在冬荪栽培中，如何进行病虫害防控？

（1）杂菌防治。为防止杂菌感染造成减产损失，冬荪不宜连作。菌丝管理期间，发现杂菌，立即用石灰覆盖外加薄膜消毒。出菇期出现杂菌，冬荪未开伞前可喷洒金霉素水溶液，严重时喷洒0.1%多菌灵药液防治。

（2）螨虫防治。高温、高湿时易暴发，螨类能咬断菌丝，导致菌丝萎缩，也能咬竹荪菌球，传播病菌，导致减产或绝收。可用2.5%天王星2 000倍液或70%螨特200倍液等专用杀螨剂进行喷杀。

（3）蛞蝓防治。蛞蝓即"鼻涕虫"，主要吞噬竹荪菌球，造成菌球穿孔。可用杀螟磷直接喷杀或在蛞蝓出没的地方喷洒5%煤酚皂溶液、50%食盐水滴杀，或用1：50：50的砷酸钙、麸皮、水的混合液置于蛞蝓出没处诱杀。

118. 如何采收冬荪？

冬荪采收期一般在每年10～12月，由于冬荪菌柄较脆，易断，采收时需特别小心。另外，不同品种的冬荪特征不同，采摘方式也有区别。对菌托菌柄难以分离的品种，需先将菌托去掉，即可得到菌柄；对一般品种，可直接轻旋菌柄，即可将菌柄完整取出。另外，若是孢子较多的品种可将菌盖单独放置，集中清洗，以免孢子自溶而将菌柄弄脏，难以清洗。

119. 如何清洗冬荪？

用65 ～ 70℃的热水刚漫过菌盖，浸泡50 ～ 100分钟，用清水冲洗干净孢子，沥干水分（图3-21）。清洗用水应符合GB 5749中生活用水要求。

图3-21　冬荪清洗沥水

120. 烘干冬荪要注意什么？

冬荪子实体采收后应及时进行烘干，延迟干制将直接影响品质。冬荪的烘干不能用煤火直接烘烤，而是用热风烘干或电热烘箱烘干。先70℃烘干1小时杀青，然后将温度降低至40℃持续烘干至恒重。烘烤过程中，需要注意排湿，避免在高温、高湿的条件下，引起冬荪发黄、发黑现象。冬荪以菌柄无严重皱缩、颜色洁白，菌盖灰白色，菌柄与菌盖完整为佳（图3-22）。烘干后回潮10分钟进行装袋，可放置在较厚的不透气大塑料袋

图3-22　冬荪无硫烘干

里保存，若回潮太久，则不易保存。

121. 如何贮藏冬荪？

把密封干燥的冬荪产品置于阴凉干燥的冷库贮存，一般要求仓库湿度低于30%，避免干品冬荪吸湿后发黄软烂。

▶ （五）茶树菇

122. 什么是茶树菇？

茶树菇学名柱状田头菇，民间又称为油茶菇、茶菇、杨树菇。最早被发现于江西广昌境内高山密林地区，是在茶树蔸部生长的一种野生蕈菌。它是集高蛋白质、低脂肪、低糖分、保健食疗于一身的

图3-23　茶树菇

纯天然无公害保健食用菌（图3-23）。经过优化改良的茶树菇，盖嫩柄脆，味纯清香，口感极佳，可烹制成各种美味佳肴，其营养价值超过香菇等其他食用菌，属高档食用菌类。茶树菇也是一种药用菌，因其野生于油茶树的枯干上得名茶树菇。营养丰富，蛋白质含量高，含有多种人体必需氨基酸，并且含有丰富的B族维生素和钾、钠、钙、镁、铁、锌等矿质元素，具有清热、平肝、明目、利尿、健脾的功效。柱状田头菇是当前可开发的10种珍稀菇之一，2008年9月，柱状田头菇被"神七"

带入太空，为培育新品种奠定了基础。

123. 茶树菇长什么样？

茶树菇子实体为伞状，单生、双生或丛生，大多数丛生。子实体由菌盖、菌柄、菌褶组成。菌盖光滑或有褶皱，幼时半球形，后逐渐伸展至扁平，菌盖直径3～9厘米。初期深褐色、茶褐色，后逐渐变为淡褐色、土黄色，平滑或盖面有凹凸褶皱，菌肉白色，菌褶密集。菌柄棒状，长5～22厘米，粗0.3～2厘米。一般春夏时节生长在野外油茶林、板栗树上。

124. 在国际，茶树菇发展现状是什么？

茶树菇发现于江西广昌，而后逐渐发展起来，但其生长周期长，不宜工厂化生产。目前茶树菇的主产国还是中国，日本有部分种植。我国茶树菇已出口欧美地区、东南亚各国及香港、澳门特区。据海关数据，国外茶树菇的人均消费量正以每年13%的速度递增，其中，美国、日本对茶树菇的需求量增长很快。国外至今未见茶树菇人工栽培的报道，国内茶树菇驯化栽培已获得成功，培养料为木屑和茶籽壳。

125. 在国内，茶树菇发展现状是什么？

茶树菇是目前销量较大的珍稀类食用菌，可鲜销、烘干、深加工，是消费者熟悉、认可的食用菌品种。我国自20世纪90年代把茶树菇列为珍稀品种以来，发展迅猛，目前全国每年的栽培数量达到12亿袋。其中福建与江西占60%，广东、山东、成都、天津、广西、贵州等省地也有一定规模。在我国福建古田、江西广昌作为主要的农业收入。茶树菇品质脆爽，味道清香，深受广大消费者喜爱，且价格合适，已成为广大市民"菜篮子"里常见的菌菇。市场价格跟销量相对稳定，是一类比较具有开发意义的食用菌。但目前我国茶树菇生产方式中，95%是依靠自然气候的粗放型栽培模式，而规范化设施栽培只占5%左右，整体的产业效益还有很大上升空间。

126. 贵州茶树菇发展现状是什么？

贵州食用菌发展起步较晚，但气候条件适宜，加上政府对该产业的重视，使贵州这几年各类食用菌产业发展迅猛，其中不乏雪榕、贵福、大三和丰源等现代化大型食用菌工厂。贵州全省几乎都有茶树菇种植，但以铜仁的茶树菇生产最为规模化、现代化，整体栽培数量占全省的80%。茶树菇可鲜销、烘干、深加工，能够满足物流、气候、销售半径等诸多要求。

127. 茶树菇适合在贵州省内哪些地方栽培？

贵州地处云贵高原，境内地势西高东低，自中部向北、东、南三面倾斜，平均海拔在1 100米左右。高原山地居多，全省92.5%的面积是山地和丘陵，素有"八山一水一分田"之说。气候温暖湿润，属亚热带湿润季风气候区。适当避开高温、寒冷季节，茶树菇适宜在全省范围栽培。其中，东部及南部气温相对高的地区，可选择3～7月出菇；西部或高海拔地区适当往后推延半个月。此外，可利用烤烟房进行冬季反季节保温出菇，其中贵福菌业于2016—2018年在思南县、德江县等地做过相关试验，出菇理想，市场价格相对较高。

128. 贵州种植哪个茶树菇品种比较有优势？

具体以销售方式来确定。鲜销为主，栽培季节为10月加温开袋出菇，选择广温型、耐CO_2浓度高的"古茶系列"和三明真菌研究所的"杨树菇"。如果以烘干为主，则主要以出菇整齐、朵形均匀的"江茶系列"。目前以福建的"古茶系列"、三明真菌研究所的"杨树菇"、江西3号和江西5号菇较稳定，产量高。

129. 哪里的茶树菇菌种比较正规？

正规的制种单位有老牌权威科研制种单位（三明真菌研究所、古田真菌研究所等），其次大型企业菌种（贵福菌业）等。

130. 茶树菇种植关键环节有哪些？

①菌种。菌种正规有资质单位获取，产量稳定，性状优异的且经过多年稳定出菇试验，适合当地气候。

②原料。原料营养丰富，质量、颗粒大小等符合要求。原料预湿要透彻充分，灭菌及时避免发酸。

③管理。生产管理、出菇管理等要科学规范，事无巨细，各个环节抓起。遇到问题及时处理，忌拖延和不重视。

131. 茶树菇适合在哪里栽培？

茶树菇属中温型食用菌，在我国南北方、东西部地区都有种植，其中主产区在福建古田县和江西广昌县。在贵州省内大部分地区都可种植，菌丝体生长温度范围5 ～ 32℃，最适温度为23 ～ 27℃，子实体发育温度15 ～ 30℃，最适温度20 ～ 28℃，但因菌株不同有所差异。茶树菇属恒温结实性出菇，出菇阶段不需温差刺激。

132. 茶树菇用生料栽培还是熟料栽培？

目前，茶树菇主要以熟料栽培为主。

133. 哪些原料可供茶树菇栽培？

杂木屑、棉籽壳、玉米芯、秸秆、甘蔗渣、豆粕、甜菜渣、油茶壳、麦麸、玉米粉等都可以用于茶树菇培养基的制作。

134. 茶树菇栽培原料配方怎么选择？

（1）杂木屑30%、棉籽壳40%、麸皮20%、玉米粉5%、茶籽饼2%、轻质碳酸钙1%、石膏1%、石灰1%，在温度较低的秋冬季节，灭菌前pH9.5，在夏季，灭菌前pH在10.5 ～ 11。

（2）棉籽壳87%、石膏1%、麦麸10%、石灰2%、含水量60% ～ 64%，在温度较低的秋冬季节，灭菌前pH9.5，在夏季，灭菌前控制pH在10.5 ～ 11。

（3）杂木屑20%、棉籽壳35%、麸皮20%、甘蔗渣10%、玉米粉5%、玉米芯5%、茶籽饼2%、轻质碳酸钙1%、石膏1%、石灰1%，在温度较低的秋冬季节，灭菌前控制栽培料pH在9.5，在夏季灭菌前控制pH在10.5 ～ 11。

135. 茶树菇原料选择注意哪些因素？

麦麸、豆粕等蛋白质含量高的原材料要采购新鲜、无霉变、杂质少、养分足的；玉米芯、甘蔗渣等要采购干湿度、颗粒大小符合工艺要求的；木材应当以含单宁成分少、材质较疏松的杂木屑为宜；棉籽壳选择中壳中绒、含有棉仁粉的当年新壳，且棉籽壳经3次以上漂洗仍然具有乳白色水渍；木屑选择锯木厂的木屑，需要过筛，避免装袋时扎破菌袋。

136. 在茶树菇栽培中，拌料时要注意什么？

水分控制在62%±2%；pH9.5（秋冬季）、pH10.5～11（夏季）；先提前20小时预湿棉籽壳、玉米芯等大颗粒原料；先投放主要原料棉籽壳、木屑、麦麸，再投放石灰、石膏、碳酸钙等辅料；投料均匀，搅拌20分钟以上。

137. 在茶树菇栽培中，装袋时需要注意什么？

①松紧度。尽量紧实，但避免破袋。

②袋的尺寸大小：目前以15毫米×33毫米×0.05毫米或17毫米×35毫米×0.05毫米的袋子为主，装料高度15～17厘米。

③时间：拌料到灭菌过程尽量控制在4小时内完成，时间不宜过长。

④袋口料面整理干净，套环、套盖密封紧实。

⑤轻拿轻放，避免菌袋破损形成微孔，造成污染。

138. 在茶树菇栽培中，灭菌时需要注意什么？

①时间。高压灭菌控制在121℃、3小时，常压灭菌20小时左右。

②攻头、控中、保尾。前期温度要上升的快、猛，中间温度控制稳定，后期要闷罐，慢慢降低温度。

③摆放。摆放在灭菌架上最为合理，不宜密集堆叠不留空隙。

④出炉。闷罐结束，压力恢复到0～0.03兆帕时及时出炉，避免形成负压或过分闷制。

139. 在茶树菇栽培中，冷却时需要注意什么？

①温度。接种前袋内温度必须冷却到28℃以下。

②洁净。冷却环境必须保持洁净，其中预冷车间达到万级洁净度，强冷车间需达到百级洁净度。空间湿度小于40%，配备紫外线、臭氧等消毒系统。

140. 在茶树菇栽培中，接种时需要注意什么？

①环境。接种环境必须达到百级净化，在超净工作台或接种箱内完成。接种人员必须着装净化服、口罩、手套等，同时配套镊子、接种枪等作业。如果选择液体菌种，必须提前消毒好接种管道、接种枪等设备。

②菌种。接种使用的栽培种必须进行提前消毒，发现有绿霉、木霉污染等及时停止接种、销毁并消毒。液体菌种需要通过镜检、培养观察等多种方法准备。

③接种。接种量不宜过多，一个固体栽培种（15毫米×33

毫米×0.05毫米）可接50个出菇菌包，液体接种量在25毫升/个。接种过程要快速、准确，掉落或未消毒、老化、靠近袋口的菌种不进行接种。

141. 在茶树菇栽培中，菌包培养时需要注意什么？

①环境卫生。洁净，通风良好，黑暗。

②温度。菌包刚移入培养室时调节温度25℃±1℃，培养1周后降低2～3℃继续培养，具体视整个培养环境情况而定，控制菌丝最适宜生长温度在22～25℃。

③光线。培养菌丝不需光，光线过强会抑制菌丝生长，提前分化原基。

④检杂。定期翻堆检查是否有菌包感染杂菌，如果发现应及时处理，避免二次传播。

⑤消毒。定期在厂区消毒杀菌，避免杂菌爆发，如果发现链孢霉及时焚烧或填埋。

⑥出库。一般茶树菇菌丝生长周期在50～60天，菌丝满袋后1周内及时安排出库。

142. 在茶树菇栽培中，入棚前要注意什么？

选择天气良好、气温凉爽的天气搬运；大棚以及四周要用石灰和消毒杀菌药消毒到位；摆包场所整洁平坦，内架稳定无尖锐物体；提前准备好运输工具（三轮车、手推车）。

143. 茶树菇的出菇场所如何选择？

地势平坦，无山洪、泥石流等危害。远离牲畜、垃圾场等污染源，靠近水源干净充足、通风良好的地方。人防空洞、钢架大棚、岩洞、旧房子、烤烟房等均可改装成茶树菇出菇场所。

144. 在茶树菇的栽培中，菌包入棚时需要注意什么？

安排菌龄一致且品种相同的菌包摆放。摆放过程轻拿轻放，避免菌包破损。入棚迅速及时避免菌包裸露暴晒、闷堆发热。

145. 影响茶树菇生长的因素？

①光线。菌丝培养不需要光，过分明亮的散射光抑制菌丝生长。原基形成子实体生长需500～1 000勒克斯的光照刺激。子实体生长有明显的向光性，一定的光线也会影响菇盖颜色。

②水分。菌棒开袋结束后，在菇棚的地面及棚内空中喷水保湿，以促进子实体分化。早晚喷水各一次，保持棚内空气湿度在85%～90%。当有大量小菇蕾出现时可加湿到90%～95%，此时不可直接将水喷洒在菇蕾上，避免引起烂菇。当小菇逐渐长至5厘米左右，可适当在料面喷洒柔和的水雾以保持料面湿度。前2～3潮菇不宜直接向料面喷洒大水，以防菇蕾及菌丝受损，适当喷洒雾水，润湿料面。

③通风管理。茶树菇是好氧菌，菌棒开袋后呼吸作用加强，棚内的二氧化碳浓度急剧上升，氧气需求量增大。此时，菌丝开始进行子实体分化，袋口表面开始出现黄水，颜色逐渐变为褐色，出现鱼卵样的小菇蕾。为保证幼菇充足的氧气供给，必须进行通风（开门、卷油膜等），夏季气温较高，通风选择在凌晨4～6时，晚上7时以后，室外气温在18～26℃时进行；秋冬气温偏低，应当在中午、下午室外气温为18～26℃时进行。

通风时将大棚两边薄膜摇起，棚门打开，只留遮阳网或防虫网即可。茶树菇大棚空气状况判定方法：以人在大棚中不感觉胸闷、呼吸舒畅自然为宜。氧气过多会导致早开伞、菌柄短、肉薄。幼菇阶段适当提高二氧化碳浓度可以促进菌柄生长，具体可以通过缩短通风时间进行控制。同时，通风时间不能太短，避免二氧化碳浓度过高，形成畸形菇。一般二氧化碳含量控制在0.04%～0.05%为宜（自然界一般为0.03%）。在自然通风不足时，应通过增加通风设备进行强制通风。

④温度管理。为促进茶树菇菌丝分化，更加容易形成子实体，可适当的在出菇前做惊蕾工作，即通过加大昼夜温差方式解决（保持温差在7～8℃）。具体是在夜晚气温较低时通风2～3小时，白天高温时关闭棚门，促使菌丝在短时间内经受较大温差，以刺激菌丝形成鱼卵型原基，但必须控制在茶树菇生长温度之内，高温不能超过30℃，且秋冬季北风天忌夜晚通风过久，以防吹干其他菌棒料面及子实体。（注意：当气温低于16℃时要注意保温，温度高于30℃时要注意降温）。

⑤酸碱度。茶树菇菌丝喜弱酸性环境，最适为pH5.5～6.5，pH在4以下或在7以上菌丝生长稀疏缓慢。

⑥养分。根据茶树菇生长需要，配比一定量的杂木屑、棉籽壳、麦麸、玉米粉、石膏等，同时还要辅助无机盐（硫酸镁、磷酸二氢钾），配置持久且丰富的营养供其吸收。

146. 茶树菇转色催蕾的表现？

茶树菇菌袋开口后，光线增强，氧气充足，菌丝会分泌色素，吐黄水，使菌袋表面菌丝渐渐发生褐变。随着菌丝体褐变过程的延长和菌丝体颜色的加深，袋口周围表面的菌丝会形成一层棕褐色菌皮。菌皮保护菌袋内菌丝的生长，使原基形成不受光照抑制的危害，防止菌袋水分的蒸发，提高对不良环境的抵御能力，加强菌袋的抗震动能力，保护菌袋不受杂菌物染和原基的形成。没有菌皮，菌袋就会失去调温保湿的作用，就不会有子实体的形成。

147. 茶树菇的采收过程需要注意什么？

（1）采收标准。及时采收是决定产品质量和产量的关键，采收过早，产量低、菇形差；采收过迟，菇体开伞，失去商品价值。当子实体菌盖呈半球形，直径2～3厘米，颜色由黑褐色变为淡黄色，菌膜未破裂时，就必须及时采收。采摘前一天停止喷水，采菇高峰期每天采收两次，一般早晚各一次。

（2）采收方法。采收时，要将手伸入菌袋抓住菇柄的基部，手轻握菌柄，轻微旋转，整丛采下，不能损伤菇盖和菇柄。采下的菇整丛放入筐中，轻拿轻放，避免菇体受挤压折断。采收时，要一次性将整丛菇采下，保持菇体的完整性；其次，要将茶树菇分级摆放，一般不开伞的分一级、开伞的分一级。

（3）采后处理。采收后将料面及时清理干净，不能将采断的菇脚和干瘪、细小的菇留在袋内。采收后，要对料面稍作清洁处理，并按菇柄长短、粗细有序分类摆放。

（4）转潮管理。当第一潮菇采收结束后，大棚在5～7天内不宜喷水，让菌丝进行休养恢复。7天后，每天1～2次向袋内连续喷水4天（料面处菌丝逐渐恢复洁白，有原基迹象），以菌袋表面基料用手指按下有水迹浸出、但不下滴为适宜；同时将大棚两边的薄膜卷起、保持24小时通风。如气温高于28℃以上，白天不能喷水，选择傍晚7时以后再喷水。5～6月为多雨季节、空气湿度大，喷转潮水后就停止喷水；如空气干燥，向棚内地面或菌袋侧面喷雾状水，以增加棚内空气湿度，直至白色颗粒状原基出现并形成菇蕾。注意，雨天闷热时要加强通风，否则会因高温闷热缺氧而造成死菇。

148. 茶树菇常见病虫害有哪些？

（1）青霉。一般接种6～10天后菌棒开始出现黄豆大青绿色霉点，慢慢扩大并阻碍茶树菇菌丝生长，严重时会杀死茶树菇菌丝。主要原因：菌种不纯，带杂菌，接种消毒不严造成接种污染，消毒灭菌时间不够，培养基杂菌孢子没有杀死，接种后慢慢恢复生长。

（2）白霉。菌丝恢复生长后，有一层稀疏的白色菌丝，在茶树菇菌丝前面或一边开始生长（绒毛状），从而阻碍茶树菇菌丝生长。主要原因：空气湿度过大，杂菌、孢子系数增高，造成接种消毒困难；接种场地空气流动过大，造成外界空气进入接种室；菌种不纯；封口不严等。

（3）链孢霉。接种2～3天后从袋口或破损部位长出粉红色孢子，随风在空中飞扬，此杂菌传播速度极快，特别是在高温、高湿条件下极易发生。防治措施：首先要搞好环境卫生，加强通风换气，降低菇房湿度，破损菌棒及时处理；发现有个别感染时，轻轻拿到远处深埋，以防病菌传播。

（4）绿霉。菌棒在走菌期或开口后从袋口上开始出现绿色斑块，以后迅速扩大，整袋变成墨绿色，整个菌棒报废。主要原因：环境卫生条件太差，杂菌系数过大，温度过高35℃以上，开口时高温高湿、通风不良，菌种抗杂能力弱。

（5）尖眼菌蚊。茶树菇最严重的虫害为尖眼菌蚊，它平常栖息在各种环境之中，菌棒开口后在料面开始产卵繁殖，把菌丝吃空，菌料变黑。尖眼菌蚊繁殖速度极快，气温25℃ 5～7天繁殖一代，造成茶树菇产量大面积减产。

149. 茶树菇如何有效预防和控制病虫害危害？

茶树菇病虫害防治应遵循"预防为主、综合防治"的原则，坚持采用物理防治为主的防治方法，确保生产出优质、高产、绿色无公害产品。

（1）生物防治。选用抗病、抗虫、抗逆的优良品种，并提纯、复壮出生命力顽强的菌丝；选用新鲜、无霉变的原辅材料，拌料用水符合饮用水卫生标准；控制好养菌场所的通风（供氧）及温、湿度，努力创造有利于茶树菇菌丝生长的良好环境。还可以使用生物农药除虫菊素、苏云金杆菌、白僵菌等进行防治。

（2）物理防治。净化车间及时消毒、灭菌，保持卫生，严格无菌操作流程；菇房的门、通风口和窗户安装60目的防虫网，搞好环境卫生，清除虫源。菇房内外的虫菇、烂菇、菇头、菇根和废弃的培养料、垃圾等要及时清理销毁，铲除害虫的滋生地，防止成虫前来产卵或幼虫羽化成虫飞入菇房卵孵化。菇蚊、菇蝇等成虫具有趋光性，可用黑光灯、灭虫灯诱杀。

（3）化学防治。开袋前或菌棒转潮期对菇房喷洒杀虫剂或杀菌剂，消灭环境中病原菌和虫害。菌棒局部污染时，注射40%来苏尔溶液或涂抹石灰水。药物应选用广谱、低毒、低残留的农药和杀虫剂进行喷雾消毒杀虫：喷洒高效氯氰菊酯或浏阳霉素乳油100倍液，也可用5%锐劲特1 500倍液（一喷雾器约15千克水加本品10毫升）直接向菌棒喷雾。锐劲特农药对菇蚊、蚊蝇具有触杀、胃毒及内吸传导作用，幼虫危害严重的3天后再喷1次，便可取得较好效果（为降低蚊虫的抗药性，同功效、不同品种的防治药物可交叉使用）。

注意，必须严格控制农药剂量和种类使用，并按照《农药安全使用标准》和《农药合理使用准则》的规定选用农药和使用方法喷施，禁止在子实体生长期间使用化学农药，提倡采取环保的物理、生物防治措施。

150. 茶树菇烘干原理是什么？

借助热力作用，将组织中的水分减少到一定的程度，使制品中所含的可溶性物质的浓度相对提高，并降低菌类细胞的酶活性乃至酶失活，从而降低或抑制微生物生长和繁殖，使产品得以较长时间保存（可达1年以上），不至于发生腐烂变质，从而保持菌菇的原有品质。

151. 茶树菇烘干具体步骤有哪些？

将鲜菇按照头尾区分、分栏摆放在烤筛上，每个烤筛均匀摆放10千克左右的鲜菇，摆放要均匀，不可集中堆置在一个角落，必须逐层依次摆放，整齐送入烤箱（烤筛80厘米×100厘米，以竹制为佳）；对于自动控制系统的烘干设备，则设置好烘干参数，如果是人工烘干机，则及时排出水分，避免闷煮导致烂菇；随时观察烘烤情况，及时调整空间摆放，调整烘干区域均匀烤干。

152. 茶树菇烘干需要注意哪些事项？

设定烘干时间，随时观察避免过分烘干，最终水分控制在13%左右，且茶树菇全部烘干。菌菇个体（粗细）差异较大时，要分筛摆放、归类进箱烘烤，不可混合摆放、混箱烘烤。否则，会因细菇烘烤合格（干度），而粗菇未干（水分超标），最终导致装袋后袋内菇品霉烂变质。前期排湿要及时，烘烤数量不超

过设定参数。人工烘干设备需要随时观察风机是否启动，以免
高温燃烧烘干设备，造成消防隐患。

153. 目前茶树菇有哪些烘干模式？

烘干模式有蒸汽管道加热烘干机、燃料燃烧式烘干机、空
气能烘干机（天气晴朗可在太阳下暴晒3小时左右）。

154. 鲜菇怎么保藏？

鲜菇采摘后及时存放在2～4℃的冷藏库打冷保藏，包装销
售时到预冷室（10℃左右）进行包装，包装时在包装物内壁粘
贴报纸，然后将茶树菇整齐放入，拉紧包装放入泡沫箱并放入
冰袋。注意，冷藏时不宜将茶树菇堆放过密，要让冷气贯穿每
个空间。

155. 茶树菇怎样包装比较美观？

茶树菇干菇包装比较讲究，若包装的好看，价格自然更加
理想。根据客户需要的包装尺寸进行包装，包装过程头尾区分
清楚、除去杂物、蒂头、菌渣等。包装以菌盖对齐为准，将整
齐菌盖展现在易观察的方向。如果是大量装箱包装，可以事先
加工好包装模具，将干菇装入模具套袋装箱，这样更整齐。

156. 怎样快速加入茶树菇产业？

可以通过大型工厂代加工出菇菌包；善于同科研机构、优
势种植区学习交流经验；精致管理出绿色高品质茶树菇，积极

主动地寻找高端消费群体。

▶ （六）羊肚菌

157. 什么是羊肚菌？

传统意义上的羊肚菌（*Morchella* spp.）是子囊菌亚门、羊肚菌科、羊肚菌属大型真菌的总称，俗称阳雀菌、包谷菌、羊肚蘑等。因其菌盖有不规则凹陷且多有褶皱，形似羊肚而得名。

羊肚菌是一种低温型食用菌，最高温不超过25℃即可栽培，目前除海南以外，我国的其他地区均有栽培。羊肚菌是一个新兴起的产业，许多省份都积极投入大量人力物力进行成果转化，希望能将其发展成全国行业的标杆。目前，发展较好的省份分别为四川省、云南省、贵州省、湖北省、山东省、河南省等，其中，从种植规模和产量来看，发展最好的是四川省和云南省。

158. 羊肚菌的种类及分布？

中国有30个羊肚菌系统发育学种，其中，黑色17个，黄色13个。羊肚菌分布很广，在亚洲、欧洲、北美洲及太平洋地区均有分布，我国主要自然分布在贵州、四川、云南、青海、河南、黑龙江、新疆和江苏等地。

159. 羊肚菌的食药用价值有哪些？

羊肚菌可食部分是其子囊果，味美鲜香，在国外常作为高档食材出现在餐桌上。羊肚菌具有较高的营养价值，富含多种氨基酸、矿物质及多糖。羊肚菌既是宴席上的珍品，又是久负盛名的食补良品，民间有"年年吃羊肚、八十照样满山走"的说法。据《本草纲目》记载，羊肚菌"性平，味甘寒，无毒；益肠胃、助消化、化痰理气"。现代医学研究表明，羊肚菌还具有调节机体免疫力、抗疲劳、抗氧化、抗菌、抗肿瘤、降血脂和保肝护肝等作用。

160. 为什么说人工栽培的羊肚菌是一种健康绿色食品？

羊肚菌独特的生物学特性使得羊肚菌成为一个真正健康绿色的食用菌，首先羊肚菌栽培时间为每年的11月至翌年4月，整个生长周期集中在冬季，温度很低，病虫害很少，不需要或使用极少农药；其次，羊肚菌是一种微生物，在自然界中主要承担分解者的角色，它与传统的农作物所需营养不同，较少吸收化肥类营养元素，主要通过分解外援营养袋中的基质吸收营养，因此生产过程也不需要使用化肥；最后，羊肚菌可以和水稻、玉米等主要农作物进行轮作，不与粮争田，不与粮争地；另外一方面，由于羊肚菌属于低温菌，其营养器官在越夏过程中大部分会溶解在土壤中，有助于改良土壤理化性质，提高土壤肥力。因此，羊肚菌的独特生物学特性决定了其必定是一个健康的绿色食品。

161. 为什么羊肚菌最近几年特别"火"？

羊肚菌人工栽培近年来特别受到关注，在我国许多省份的企业和种植户都在大力发展羊肚菌，主要原因：①羊肚菌味道鲜美，是世界许多不同种族和文化背景下高端餐宴的美味佳肴；

②羊肚菌是世界名贵真菌，全世界许多国家都有食用习惯，有较好的国际认可度和消费群体；③羊肚菌人工栽培技术较难，目前只有中国和美国能人工栽培，产品属于人无我有的现状；④羊肚菌价格很高，特别是人工栽培以前，是常见食用菌的几倍到几十倍，经济效益可观。

162. 羊肚菌什么时候实现人工栽培的？

羊肚菌的美味和较高的经济价值使羊肚菌栽培研究一直是微生物研究领域的热点，自1883年开始，法国公开报道了第一篇有关羊肚菌人工栽培技术探索的论文，紧接着英、美、法、德等欧洲强国就开始了羊肚菌的栽培研究，然而在100多年的时间里，一直未能获得成功，直到1982年，美国旧金山Ronald Ower在室内成功栽培出羊肚菌，但该技术对外严格保密，且在美国本土以外不能重复。21世纪初，我国突破了羊肚菌的室外栽培技术。四川省林业科学院于2000年首次采用了外援营养添加技术获得了羊肚菌室外栽培的成功，该技术自2006年逐渐运用于国内羊肚菌的人工栽培。事实证明，采用外援营养添加技术既能显著提高羊肚菌的产量，也能明显提高羊肚菌的出菇稳定性。

163. 中国羊肚菌人工栽培的情况如何？

中国目前的羊肚菌人工栽培技术起源于四川，2015年以后栽培技术逐渐成熟，种植面积突破5 000亩。2017年，全国羊肚菌栽培总面积约7万亩，在四川、云南、重庆和贵州等地形成产业集中地。

164. 羊肚菌的主要栽培品种有哪些？

根据系统发育学和传统形态学分类，全球羊肚菌属约有30种羊肚菌，但是真正能人工栽培的不多。据文献报道，大约有80%的羊肚菌属于菌根菌，目前还不能进行人工栽培。在我国，羊肚菌栽培品种主要有3种，均属于黑色羊肚菌类群，它们分别是六妹羊肚菌、七妹羊肚菌和梯棱羊肚菌。2017年以前，栽培最多的为梯棱羊肚菌，2018年以后，则以六妹羊肚菌取代梯棱羊肚菌成为种植面积最广泛和最多的羊肚菌。

165. 适宜贵州省种植的羊肚菌有哪些品种？

贵州经过这几年的发展，羊肚菌产量和种植面积显著提高，通过实际生产过程比较，目前比较适合贵州种植的羊肚菌主要为六妹羊肚菌。

166. 六妹羊肚菌的特点和优势有哪些？

六妹羊肚菌主要特点是出菇稳定、抗病能力和抗高温能力强。在贵州，2017—2018年连续暖冬使得梯棱羊肚菌种植户苦不堪言，多数梯棱羊肚菌不能抵抗高温天气而出现不出菇和出菇死亡现象，加上病害频发，导致减产甚至绝收，损失惨重。而在此过程中，六妹羊肚菌表现出耐高温和抗病力强的特点，在梯棱羊肚菌受灾中，依然保持了较好的出菇量和品质，因此，六妹羊肚菌逐渐取代梯棱羊肚菌，成为贵州羊肚菌栽培中的优势品种。

167. 羊肚菌菌种生产的基本流程是怎样的？

我国食用菌菌种规范实行的是母种、原种、栽培种的三级菌种生产程序，任何菌种厂必须按照行业标准《食用菌菌种生产技术规程》（NY/T 528—2010）进行。

基本工艺流程：备料→配制→分装→灭菌→冷却→接种→培养→检查→成品。

168. 羊肚菌母种如何制备？

（1）母种培养基（马铃薯葡萄糖琼脂培养基）。马铃薯200克、葡萄糖20克、琼脂20克，自来水1 000毫升，pH自然。

（2）培养基配置。先将马铃薯洗净去皮，再称取200克，切成小块，加水煮烂（煮沸20～30分钟，能被玻璃棒戳破即可），用8层纱布过滤，加热，加20克琼脂，继续加热搅拌混匀，待琼脂溶解完后，加入葡萄糖，搅拌均匀，稍冷却后再补足水分至1 000毫升。

（3）分装灭菌。将配置好的培养基分装于试管中，加塞、包扎，120℃灭菌30分钟左右后取出试管摆斜面或摇匀，冷却后贮存备用。

（4）摆放斜面。当试管温度下降到60℃左右，开始摆放斜面，培养基斜面顶端在试管3/4处为宜，待培养基凝固后可以进行后续操作。

（5）接种。母种制作比较严格，要求在超净工作台下进行接种操作。接种前，穿戴干净衣帽，用肥皂水洗手，擦干后再用75%的酒精棉球消毒。首先将所有接种工具和材料（试管斜面、接种钩、75%酒精棉球、酒精灯、打火机、记号笔、标签等）放入超净工作台内，打开超净工作台内的紫外灯，紫外线杀菌30分钟，关闭紫外灯，打开风机10分钟后，开始接种。接种时，用左手平行并排拿起母种试管和待接斜面培养基，斜面向上，管口放在酒精灯火焰形成的无菌区内；用右手的小指、无名指和手掌取下试管棉塞，试管口略向下倾斜，用酒精灯火焰封住管口；右手的拇指、食指和中指持接种钩，在母种斜面上取一块2～3毫米大小的、带有培养基的菌种块，迅速移入新的试管斜面中部；取出接种钩，塞上棉塞，再烧一下试管口和接种钩，接下一支。如此反复操作，1支母种可扩接30～40支继代母种。接好种的试管，逐支贴上标签，写明菌种名称、来源及接种日期等，放置培养箱中培养。

（6）母种培养。母种培养温度为20～23℃，通常情况下，8～12小时菌丝可以萌发；24小时菌落直径可以增长至0.5～1.0厘米，此时菌丝稀疏，根根可见；48小时菌落直径可以增长至2～2.5厘米，菌丝较之前浓密，菌落前端整齐，有一定爬壁能力；4～5天，菌丝可以长满试管18毫米×180毫米，菌落白色，有颗粒状小菌核出现；7～10天，菌丝密度加大，菌落颜色浅黄色，菌核变大，此时母种成熟，放入4℃保存。

（7）母种质量检查。不同羊肚菌菌种发菌速度、生长速度、颜色、菌核稍有不同。检查过程主要注意发菌速度慢、菌落不整齐，有杂菌的试管进行剔除。

（8）优秀母种的特征。羊肚菌栽培主要以六妹和梯棱为主，其中优良的梯棱羊肚菌母菌丝为黄色或浅棕色，菌核黄色，分散，颗粒状；六妹羊肚菌优良菌株菌丝浅黄白色，菌核黄白色，密集成片状。

169. 羊肚菌原种和栽培种怎么制作？

（1）羊肚菌原种配方。杂木屑50%，麦粒47%，生石灰

1.5%，石膏1.5%。

（2）羊肚菌栽培种配方。杂木屑70%，麦粒27%，生石灰1.5%，石膏1.5%。

（3）外援营养袋配方。杂木屑15%，麦粒70%，稻谷壳15%，生石灰1.5%，石膏1.5%。

（4）原料和生产工具的准备。拌料机、装袋机、推车、磅秤、铁锹、水管水泵、袋子、封口膜、标签等。木屑主要用杂木屑，避免使用松、杉、柏木屑；麦粒以无霉变、无异味为好；稻谷壳使用当年打下的谷壳。

（5）培养基的配置。麦粒使用前必须进行泡胀或煮胀，环境温度20℃，冷水浸泡16～24小时为宜，温度高减少浸泡时间，温度低增加浸泡时间，无白芯为宜。木屑和稻谷壳需要提前1～2小时预湿，确保吃水彻底。按比例将浸泡好的麦粒、预湿的木屑和稻谷壳、生石灰和石膏进行搅拌均匀，一般进行3次搅拌即可。

（6）装袋。搅拌均匀的培养料需及时装入15厘米×30厘米的聚丙烯菌种袋，装袋平均重量为550～650克。拌好的培养料必须当天装完，上锅灭菌。过夜存放容易造成自然发酵、变酸，造成培养料pH下降。

（7）灭菌。高压灭菌一般设置为121℃维持2～3小时；常压灭菌设置为100℃维持24～36小时。

（8）冷却。灭菌后的培养料及时移入冷却室，冷却室要保持卫生清洁和干燥，特别要防止地面扬尘的发生，进入冷却室的人员提前穿好清洁的工作服。灭菌后进入冷却室的菌袋要减少人为搬动。

（9）接菌。通常接菌为5人，其中1人搬运菌种，其余4人，两人为一组，负责接种。将所有工具放入超净双面超净工作台中，打开紫外灯和臭氧发生器，30分钟后，关闭紫外灯。

打开风机，两人一组，一人掏菌种放入新的菌袋种，另一人开瓶，带菌种放入后封口。接种人员要穿洁净的工作服，接种室消毒干净，所有操作尽可能靠近酒精灯火焰。

（10）培养。起始培养温度为20～22℃，当菌丝萌发到2～3厘米，降温至19～20℃，当菌丝生长到一半的时候，降温到18℃，直至菌种长满。

（11）质量检查。培养期间检查菌种的萌发、封面、吃料情况、生长一致性、色泽和杂菌情况，及时剔除有问题的菌种当菌丝生长到3/4时，全面排查菌种并翻堆，菌种长满1～2天，即可使用或存放，存放必须放在4～10℃的环境中，原种和栽培种保藏时间最多15天。成熟的优质梯棱羊肚菌原种和栽培种应该是菌丝浓密、黄色或浅棕色、有黄色颗粒状菌核；成熟的优质六妹羊肚菌原种和栽培种应该是菌丝浓密、浅黄色或浅棕色，原种和栽培种内部有分散黄色小菌核，外壁有大量片状黄色菌核。

（12）注意事项。麦粒浸泡不彻底、中间还有白芯容易造成灭菌不彻底，导致菌种污染；接种人员一定要做好个人卫生和消毒；培养室要清洁干燥，特别是高湿地区要控制好湿度；灭菌速度要快，升温时特别避免40～60℃停留时间过长，造成培养料酸化。

170. 羊肚菌适合在什么时候种植？

羊肚菌是低温型食用真菌，温度变化对羊肚菌的生长影响极大，而不同地域的温度变化差异较大，因此不能一概而论地采用统一的栽培时间表，而是要根据栽培地的气候变化和栽培方式进行适当的调整。

羊肚菌的栽培主要从秋末至冬季至初春，一般在秋季末，最高气温低于25℃开始播种。播种后6～15天，开始进行"外援营养袋"补料，补料20 ～ 35天，菌丝长满营养袋；随着气温的降低，进入低温保育阶段，当第二年温度回升至4 ～ 8℃时，开始进行催菇处理，地温为8 ～ 12℃时是最佳出菇季节。

171. 羊肚菌如何种植?

（1）栽培场地选择。栽培场地的选择是羊肚菌栽培成功的重要步骤，好的场地不仅产量高，而且投资成本也较低。首先要求场地靠近水源，排水性好，土壤选择透气性好，周边无大型养殖场。沙壤土最好，但含沙量不高于40%，黏性土壤要求疏松、疏水性能好、不容易板结为好。

（2）栽培场地处理。选择好栽培场地以后，首先进行土地的清理工作，将田间杂草和农作物废弃物清理干净；其后，农田和水稻田按照生石灰50 ～ 75千克/亩或草木灰200 ～ 250千克/亩的剂量施撒，林地或长时间未耕作的耕地按照生石灰75 ～ 100千克/亩的剂量施撒，用以调节pH和杀灭土壤中的杂菌和害虫；之后进行深耕，耕作深度25 ～ 30厘米。最后，按照0.8 ～ 1.0米的厢面进行开沟，沟宽0.3 ～ 0.4米，深0.2 ～ 0.3米，以便排水和行人。

（3）播种。栽培过程中，首先要注意把握菌种制备时间，按需生产，避免菌种存放时间过长而老化，活力降低。不同的栽培技术，菌种使用量略有不同，通常以每亩地150 ～ 200千克菌种为宜。

①菌种预处理。将菌种剥去袋子后，捏碎至直径1.0 ～ 1.5厘米大小的菌种块；大规模生产时，可使用菌袋粉碎机进行破袋，平均每小时可粉碎3 000 ～ 6 000包菌种。粉碎的菌种用1% ～ 5%的磷酸二氢钾溶液拌料，预湿至含水量为65% ～ 75%，用于下一步播种。

②撒播播种。将预湿的菌种按照每亩150千克菌种量（预湿前重量）撒播于厢面上（在此之前要确保土壤含水量适宜），再用钉耙在厢面上抖土10～15厘米，确保70%～80%的菌种被土覆盖；或使用小型旋耕机在厢面上旋土10厘米，使菌种与土壤混合。

（4）外援营养袋补充。播种后约1周，菌丝将长满厢面，形成"菌霜"，即无性孢子；播种7～20天，进行外援营养添加，即补料处理。

①外援营养袋的使用。灭菌冷却的外援营养袋按照每亩1 800～2 000个的使用量，在袋子侧边划口或钉排打孔口，划口边朝下，将外援营养袋扣在已经长满菌丝的厢面上。这样，羊肚菌菌丝可直接接触外援营养袋中的培养料，慢慢长进袋内，吸收并转化袋内营养成分，并向土层内的菌丝传送、贮存，供给后期出菇的能量需求。

②撤袋。撤袋时间控制在出菇前20天左右。此时，气温已经由前期的最低点开始回升，土壤内部的菌丝开始萌动，移走外援营养袋完成撤袋操作。

（5）日常管理。在羊肚菌的营养生长阶段，做好保育工作对后期的生殖生长至关重要。菌丝的健壮生长离不开合适的温度、水分和营养供给。因此，栽培管理的关键是不同栽培阶段的温度、水分和营养的控制。

①温度管理。菌丝在10～25℃都可以很好地生长，温度越高，菌丝生长速度越快，但超过25℃之后，菌丝长速过快，营养供给满足不了菌丝生长的需求，表现为菌丝纤细无力。因此，无论是早期的菌种生产阶段，还是栽培环节，均要避免温度过高。但温度过低，羊肚菌的生长和代谢缓慢，也不利于生产实际。如温度低于10℃，羊肚菌虽然可以生长，但速度明显降低。

②水分管理。水分控制包括土壤湿度控制和空气湿度控制。土壤含水量和土壤透气性与溶氧量相关，湿度大，通气性差，含氧量降低，影响菌丝生长发育；同时，菌丝生长需要一定的水分，确保菌丝分泌的各类酶类在溶融状态下降解环境中的营养成分，因此，湿度偏低同样不利于菌丝的生长发育。栽培环节，对土壤水分的要求为，播种环节的土壤含水量控制在15% ～ 25%；原基发育阶段，需要大水刺激，控制土壤含水量在20% ～ 30%；子实体发育阶段，需要消耗大量氧气，则适当降低土壤含水量至18% ～ 25%。

A.抗旱。如遭遇长时间干旱，需要适时补水抗旱。在外援营养袋使用过程中，可沿着箱间的沟槽灌水，灌水高度达到沟槽深度2/3即可，避免淹过菌床表面，造成菌袋内积水，污染菌袋；也可通过微喷或喷灌设施，直接在沟内或箱面上喷水。

B.防涝。在长江流域，秋冬季节常伴有连绵阴雨天气，使用地膜技术可以有效抵抗阴雨天气，并做好田间排水工作。同时，加强棚内通风，降低空气湿度，增加土壤蒸腾作用。

③空气湿度管理。根据产地的气候特点，当冬季结束、春季地温逐渐回升至6 ～ 10℃时，增大空气湿度至85% ～ 95%，土壤含水量20% ～ 30%，散射光照射，昼夜温差大于10℃，进行催菇。

④催菇管理。条件适合后，菌丝逐渐开始分化，在土壤内部或土层表面扭结形成原基。催菇是羊肚菌从营养生长向生殖生长过度的关键操作。催菇的目的是创造各种不利于羊肚菌继续营养生长的条件，使其在生理层面发生改变，进而转向生殖生长。这里的操作条件包括营养、水分、湿度、温度等刺激。

A.营养刺激。出菇前15 ～ 25天移除外援营养袋，实现营养刺激。该催菇技术也是Ower专利中强调的催菇关键。

B.水分刺激。水分刺激是食用菌营养生长转向生殖生长的常用做法，也是自然界大型真菌出菇的重要因素。撤袋之后，进行大水操作，用微喷或喷灌进行浇水，浇至地面完全湿透。必要的情况下，可进行2～3次浇水。或沿沟进行漫灌，时间控制在24小时以内，随后及时排走积水，同样能起到催菇的效果。

C.湿度控制。前一步水分刺激后，土壤含水量达到最大饱和状态，水分渗透之后，控制土壤水分保持在20%～30%。必要时进行微喷补水。

D.温度刺激。目前，没有直接数据支持温差刺激实现羊肚菌的生殖生长的说法，但大量数据也表明，野生环境下10℃左右的昼夜温差有助于羊肚菌生殖生长发生。白天可封闭棚内增温，确保地温达到出菇所需临界温度8～12℃，至少保持4～5天，晚间掀开棚子通风降温来加大温差，刺激出菇。

（6）出菇管理。

A.原基保育。羊肚菌原基最为幼嫩，0℃以下低温会对原基造成严重的冻伤，造成不可逆的伤害，萎蔫死亡。目前还没有好的大面积防护措施来抵御此时的低温。只能根据气候变化，在严寒来之前避免出菇，或加快原基发育至小菇阶段。小面积的种植，可通过加盖稻草或塑料薄膜进行抗寒。或进行内部小拱棚搭建，能有效增温，起到一定的抗寒效果。

B.小菇阶段。原基发育后期小菇形成阶段，注意保持空气湿度85%～95%，避免空气干燥和温度骤升骤降；1.5～3.0厘米的小菇形成之后，保持空气湿度不变，降低土壤含水量至18%～25%。提高棚内温度，加快小菇到成菇的生长发育。

C.成菇阶段。从小菇发育至成菇后期，生长迅速，保持低温12～16℃，空气湿度80%～90%，增加土壤含水量至20%～25%，提高棚内空气流通速度，可促进羊肚菌的快速生长发育。

在子囊果成熟阶段，降低空气湿度至70%～85%，降低土壤含水量，增加空气流通速度。并对成熟的子囊果进行及时采摘，避免过熟，菇肉变薄，影响品质。

（7）病虫害防治。羊肚菌的病害主要有镰刀病菌、霉菌性枯萎病、木霉菌、曲霉、毛霉等；虫害主要有白蚁、蛞蝓、蜗牛等。

防治：主要采用"预防为主，综合防治"的策略进行病虫害的防治。首先及时清理菌种生产中的废弃物，及时筛查污染菌种，栽培土壤深翻暴晒，并施撒生石灰起到预防作用；在此基础上，发生病虫害时，辅以安全的化学农药进行科学施药，发现白蚁危害时，可用48%毒死蜱乳油1 000～1 500倍液喷雾防治，温暖湿润的季节易出现蛞蝓、蜗牛嚼食菇体，可将多聚乙醇300克、白糖50克、5%砷酸钙300克混合后拌豆饼4 000克，加适量水拌成团饼状，进行诱杀。

（8）采收。当羊肚菌的子囊果不再增大、菌盖脊与凹坑棱廓分明、重量为整个生产过程中最重的阶段、肉质厚实、有弹性、有浓郁的羊肚菌香味时，即为成熟。成熟的羊肚菌需及时采摘，此时环境温度日益升高，若不及时采摘，极易造成子囊果过熟、菇肉变薄、孢子迅速弹射、菇香降低，商品质量下降。

采摘时，左手拿菇，右手拿刀，保持左手清洁，避免泥物沾染子囊果或菌柄，右手用锋利的小刀在子囊果菌柄近地面，沿地平面水平方向切割摘下，或小刀左右两个方向呈45°角斜向地面切割，呈V形刀口，用小刀将附着于菇柄下面的泥土或杂物削掉，干净菇置于篮内，待后期销售或加工。

172. 羊肚菌如何保鲜？

羊肚菌鲜菇保鲜主要为冷藏，预冷封装后可置于2～4℃的低温环境贮藏7 ~ 10天。

173. 羊肚菌如何干制加工？

主要采用热风烘干工艺，其主要过程：采收→摆盘→烘烤→封装→分选→修剪→封装。摆盘注意不要挤压，预留一定空间，有助于热空气流通；初期烘烤阶段35 ~ 40℃，维持3 ~ 4小时，风速0.8 ~ 1米/秒；中期50℃，维持3 ~ 4小时，风速0.7 ~ 0.9米/秒；终期50 ~ 55℃，维持3 ~ 4小时，风速0.5 ~ 0.7米/秒。

174. 羊肚菌产品如何分级？

羊肚菌鲜菇主要分为一级品、二级品、出口级和级外，见表3-3。

表3-3　新鲜羊肚菌分级标准

项目	等　　级			
	一级品	二级品	出口级	级外
菇形	圆锥形和长锥形、菇形饱满			圆形、圆柱形或畸形
菇肉厚度	厚	厚	厚	薄
菇肉	紧实	紧实	紧实	紧实
菌盖大小	长度3~6厘米	长度2~8厘米	长度3~8厘米	>8厘米或<2厘米
菌盖颜色	黑色	黑色或黑灰色	黑色或黑灰色	无要求
菌柄长度	2.0~5.0厘米	2.0~5.0厘米	1.0~2.0厘米	无要求
泥脚	无	无	无	无

（续）

项目	等级			
	一级品	二级品	出口级	级外
菌柄颜色	白色或浅黄白色	白色或浅黄白色	白色	浅黄白色或灰白色
均匀度	均匀一致	均匀一致	均匀一致	不要求
气味	有羊肚菌香，香味浓郁	有羊肚菌香，香味浓郁	有羊肚菌香，香味浓郁	有羊肚菌香，香味稍淡
干湿比	1：（7~8）	1：（9~10）	1：（7~10）	1：10以上
杂质	无	无	无	<3%
虫蛀	不允许	不允许	不允许	不要求
霉变	不允许	不允许	不允许	不允许
残缺	不允许	不允许	不允许	不要求
腐烂	不允许	不允许	不允许	不允许

▶ （七）姬松茸

175. 姬松茸是什么？

姬松茸（*Agaricus blazei* Murrill），隶属真菌门（Eumycota）、担子菌亚门（Basidiomycotina）、伞菌纲（Hymenomycetes）、伞菌目（Agaricales）蘑菇科（Agaricaceae）、蘑菇属（*Agaricus*）真菌，又名巴西姬松茸，原产巴西、秘鲁。是一种夏秋生长的草腐菌，生活在高温、多湿、通风的环境中，具杏仁香味，口感脆嫩，具有抗癌、增强身体免疫力的效果，是化疗后癌症患者的辅助保健用品（图2-24）。

图3-24　姬松茸

176. 姬松茸与云南的松茸和近期在贵州出现的"云茸"有什么关系？

姬松茸、松茸和"云茸"是不同科属的3种食用菌品种，它们之间的遗传信息差异大、亲缘关系远。

（1）松茸。学名松口蘑（*Tricholoma matsutake*），隶属真菌门（Eumycota）、担子菌亚门（Basidiomycotina）、层菌纲（Hymenomycetes）、伞菌目（Agaricales）、口蘑科（Tricholomataceae）、口蘑属（*Tricholoma*）真菌（图3-25）。生长在寒温带海拔2 000米以上的相对比较干燥的高山林地，长在松树、铁杉树等树木上，是外生菌根真菌，有浓郁的独特香味，是二级濒危保护物种，是纯天然的药食两用的真菌，不能够被人工栽培，在我国主要分布在西藏、云南、四川。

（2）云茸。学名大球盖菇（*Stropharia rugosoannulata*），隶属真菌门（Eumycota）、担子菌亚门（Basidiomycotina）、层菌纲（Hymenomycetes）、伞菌目（Agaricales）、球盖菇科（Strophariaceae）、球盖菇属（*Stropharia*）的真菌（图3-26）。它是一种中低温型草腐菌，是国际菇类交易市场上的十大菇类之

图3-25 松茸

图3-26 云茸

一，也是联合国粮食及农业组织（FAO）向发展中国家推荐栽培的蕈菌之一。

177. 姬松茸的发展历程怎么样？

姬松茸是由日裔巴西人古本隆寿于1965年夏季在巴西圣保罗发现并分离得到的菌株，被赠送给日本三重大学农学部教授岩出亥之助先生。此后两人分别在巴西和日本两国进行了园地栽培（古本氏）和室内栽培（岩出）的研究。1972年，古本隆寿首先获得人工栽培试验成功；与此同时，岩出亥之助教授在室内进行高垄栽培法研究，经过几年试验性栽培，于1975年也获得了成功，确立了现在的室内栽培法。据报道，早在20世纪90年代初期，巴西就已经开展了姬松茸的商业化栽培，其产品主要以鲜销、出口为主。如今，日本、中国以及韩国等地均陆续实现了姬松茸的工厂化生产。

我国姬松茸人工栽培始于1991年，鲜明耀赴日本考察并带回了姬松茸菌株，于当年开展栽培试验，摸索出了一套适合我国气候条件的栽培技术。1992年，福建省农业科学院引进了姬松茸菌种栽培，获得成功，并对其生物学特性、栽培工艺等开展了较多的研究。江枝和等明确以42%稻草、27%棉籽壳、23%

牛粪、7%麦麸为培养料栽培姬松茸，生物学效率可达67.6%；以料厚13.5千克/米²，播种量6%，采用面播、箱栽或床栽的产量高，达5.963千克/米²；在姬松茸培养料中加入864菌液堆制发酵，较未加入864菌液的产量高，平均增产54.38%，并得出姬松茸栽培料最适碳氮比为29：1。

之后，福建、四川、浙江、云南、贵州和北方一些地区先后进行姬松茸规模化栽培，取得了较好的效益，其产品远销日本等国。

178. 姬松茸前景怎么样？

姬松茸是一种珍稀的食药兼用菇类。子实体盖嫩柄脆，味纯清香，口感鲜美，具杏仁香味，高蛋白质，高碳水化合物，高矿物质，低脂肪，营养保健价值高。

现代医学研究表明，姬松茸中的多糖、类固醇及外源凝集素等生物活性物质，具有抗癌、抗菌、降血脂、提高免疫力等功效，是"晚期（化疗）癌症患者的救星"。

近年来，姬松茸中多糖活性物质的药用价值被媒体争相报道，称其为未来最具有商业开发价值和利用前景的珍稀药用真菌之一。

179. 姬松茸的主要栽培模式有哪些？

姬松茸作为一种新引进的食用菌品种，在我国人工栽培历史不长。主要在福建、四川、浙江、云南、贵州和北方一些地区规模化种植，主要的栽培模式总结起来有3种：袋栽、箱栽和床栽。

由于床栽成本低、方便省工，更适合我国的栽培条件，是目前大面积推广的栽培方式。但床栽管理过程中姬松茸极易感染胡桃肉状菌，造成产量下降。许多研究者开始转向袋栽和箱栽的栽培工艺研究。有报道称，在夏季利用熟料袋栽姬松茸，不仅操作技术简单、省工省时，而且能获得较好的经济效益。刘安全等采用箱式栽培姬松茸，提高了姬松茸的生物学效率，同时还解决了规模发酵与分散栽培的生产问题。箱式栽培的姬松茸方便购买、运输，使小规模生产姬松茸的菇农可以直接购买经过配制和高温发酵处理的培养料，免去了烦琐的拌料、发酵等程序，有效地降低了生产风险和人工成本。但是，目前市面上还没有出售专门用于栽培食用菌的箱子，亟待有关方面研发。

因此，目前大规模推广和种植的模式为床栽，且这种栽培模式于2012年开始已经引进贵州，最早在黔西南州义龙试验区龙广镇试种成功，现在已经推广到贵州全省。

180. 姬松茸在贵州的适宜种植区域是哪些？

姬松茸属于中高温型食用菌，出菇温度在20 ~ 28℃，出菇期较长，一般只要温度适宜，可以从5月底或6月初开始出菇至11月初出菇结束。姬松茸适宜在贵州的中低海拔地带生长，海拔高于1 500米的区域的多雨多雾地区不适合种植。

贵州适宜种植姬松茸的地区有如下几个产业带：

①北部、东部大娄山区-武陵山区中海拔食用菌产业带。包括印江、播州、正安、玉屏、道真、湄潭、凤冈、余庆、绥阳、石阡、德江、沿河、万山、思南、瓮安、松桃、碧江、江口、习水等。

②黔东南、黔南苗岭中低海拔食用菌产业带。包括剑河、锦屏、天柱、台江、黎平、丹寨、榕江、从江、贵定、龙里、罗甸、独山、都匀、三都、长顺等。

③黔西南喀斯特山区中低海拔食用菌产业带。包括安龙、

兴义（含义龙试验区）、兴仁、晴隆、贞丰、册亨、望谟等。

④黔中山原山地食用菌产业带。包括西秀、紫云、白云、开阳、贵安新区、普定、关岭、平坝、清镇、息烽等。

181. 姬松茸种植的选址有什么要求？

姬松茸的选址要求一般要从风、水、地势、海拔、交通、污染源等几个方面进行考虑：通风良好，风向相对固定，风速为 3 ~ 10 米/秒；以山泉水、地下水为最好，自来水次之；地势较为平坦，坡度小于 5°，不易积水；海拔 300 ~ 1 500 米；远离养殖场、木材加工场等污染源；交通便利。

182. 姬松茸种植的季节安排与生产计划有什么规律可以遵循？

姬松茸属于中高温型食用菌，适宜在夏秋季节出菇，贵州省的气候温暖湿润，属亚热带湿润季风气候，各地区的小气候环境差异也比较显著，在季节安排与生产计划上可以遵循以下规律：

（1）选址建棚。10 月（秋收以后）至翌年 4 月（选址后根据生产计划可以一边进行生产作业，一边进行大棚搭建，只要在基质料入棚前建好大棚即可，也可以提前搭建好大棚多年使用）。

（2）原材料收集。3 月之前，属于季节性的材料，需要有计划提前预备。

（3）堆料发酵。3 月初至 5 月初，前发酵时间一般在 24 天左右，发酵结束后就及时上棚。

（4）基质料入棚上架。3 月底至 6 月初。

（5）播种。4 月初至 6 月中旬。

（6）出菇采收。5月中旬至11月初。

要掌握基质料建堆后24天左右就要入棚上架，进行后续操作；播种后，经40 ~ 50天开始出菇时，气温能达到20 ~ 28℃为好；各地气候条件不同，季节安排应灵活掌握。

183. 姬松茸大棚建设有什么要求？

姬松茸的栽培方式灵活多样，可以采取地栽和层架式立体栽培等模式。贵州土地资源较少，且昼夜温差、季节性温差均较大，为了提高土地利用率、降低温差，在贵州宜采用层架式大棚种植模式（图3-27），大棚的搭建要求如下：

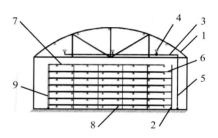

图3-27　层架式大棚建设示意图
1. 棚架　2. 层架　3. 喷淋支管A　4. 喷头A
5. 喷淋主管A　6. 层架床面　7. 喷淋支管B
8. 喷头B　9. 喷淋主管B

（1）规格。宽9 ~ 11米，长18 ~ 32米，肩高3.5 ~ 4米，顶高5.5 ~ 6.0米。

（2）外膜。黑白膜，温差较大的地方还可以采用保温层。

（3）开门及通风口。两端开门，侧面设卷膜通风，安装防虫网。

（4）层架。4 ~ 6层，层间距50厘米，架间距0.8 ~ 1.0米，四周预留0.8 ~ 1.0米的过道。

（5）棚间距。6 ~ 8米。

（6）层面。塑料网平铺。

（7）结构。钢结构或竹结构均可，其中钢结构使用寿命为10年左右，竹结构使用寿命2 ~ 3年。

184. 姬松茸的品种选择有哪些要求？

用于生产上栽培品种从外观特征来分有小脚和大脚两个品种。其中，大脚品种出菇密、产量高、菇质优、价格高。国内目前用于生产或研究的姬松茸菌种大部分来源于巴西、日本。近年来，由福建省农业科学院选育的福姬5号和福姬J77成为了国内比较常用的品种。

185. 姬松茸菌种生产分为哪几种类型？

按菌种级别不同，可分为母种、原种和栽培种；按菌种的性质不同，可分为液体菌种、半固体菌种和固体菌种；按容器不同，可分为试管菌种、瓶装菌种和袋装菌种。

186. 姬松茸的母种培养基配方是什么？

姬松茸的母种培养基一般采用PDA培养基或PDA综合培养基，其配方如下：

（1）PDA培养基配方。马铃薯200克，葡萄糖20克，琼脂粉15克，水1 000毫升，pH自然。

（2）PDA综合培养基。马铃薯200克、葡萄糖20克、琼脂粉15克、蛋白胨5克、磷酸二氢钾3克、硫酸镁1.5克、维生素$B_1$1毫克、水1 000毫升，pH自然。

187. 姬松茸母种培养基制作的形式和操作步骤是什么？

首先是准备好试管、试管塞等基本物品，再根据实际情况准备配方材料。此处以配制1 000毫升培养基为例，来说明PDA培养基的配制方法步骤。

（1）称取药品与提取马铃薯。计算好实际药品的用量后，用电子天平称取马铃薯、葡萄糖、琼脂，用分析天平称取磷酸二氢钾和七水硫酸镁。按配方放入烧杯中。将马铃薯洗净并去皮，称量其质量。再将其切成小块放入锅中，加适量的水1 000毫升（应低于需要配制的目标数量），在电磁炉上按烧水键，加热至马铃薯能被玻璃棒戳破即可，然后调至100℃保持15分钟，趁热用4层纱布过滤，把滤液倒入上面的烧杯中。

（2）加热溶解。95℃以上加热，并用玻璃棒不断搅拌，待琼脂完全溶解后，再加入葡萄糖、磷酸二氢钾和七水硫酸镁，补充水至1 000毫升。

（3）装试管。可用带胶帽的移液管移取，同时应尽量避免培养液沾在试管口，以免造成污染。可以把烧杯放在热水的锅中，这样可以避免操作者在装样时培养液发生凝固。固体培养基分装的量一般为试管高度的1/5，这样可以使灭菌后制成的斜面比较满足条件，斜面占试管的一半（图3-28）。

（4）加试管塞。当第四步完成以后，接下来需要在试管口塞上塞子，以防止外界微生物进入培养基内造成污染，同时能够保证其中有良好的通气能力。

（5）集中打捆。将全部试管用棉绳捆好放入烧杯中，再在整个棉塞外包扎一层纸，用棉绳扎紧，以防止灭菌时冷凝水润湿棉塞和棉塞冲出。

（6）灭菌。使用高压蒸汽灭菌锅灭菌，在121℃，10.5万帕的压力下灭菌30分钟。在使用前注意向高压蒸汽灭菌锅中加入适

图3-28 分装试管

量的水，同时要使测温棒浸没。

（7）摆斜面。将灭菌后的试管趁热斜置于棍条上，倾斜度以试管中的培养液占试管长度的1/2为宜（图3-29），凝固2小时后即成斜面培养基（琼脂95℃溶解、40℃凝固）。

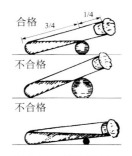

（8）无菌检查。将灭菌冷却后的培养基放入25 ~ 26℃的恒温培养箱内培养

图3-29 试管摆斜面

48 ~ 72小时，若培养基上无杂菌生长，则可以低温保存备用。

188. 从菌种中心购买的姬松茸试管母种可以直接转接原种吗？

一般情况下，从菌种厂购买的母种都是已经提纯复壮过的菌种，购买后可以直接转接原种。但是如果菌种厂提供的是保藏菌种或自留的已经保存了较长时间的菌种，在使用前都需要进行提纯复壮，目前菌种场常用的简易的菌种提纯复壮方法如下：

（1）配制培养基。提纯用的培养基一般用PDA平板培养基，复壮用的培养基一般为PDA综合平板培养基。

（2）转接。利用无菌操作技术，将需要提纯的试管母种，挑取玉米粒大小的菌种，转接到PDA平板培养基上，25 ~ 26℃避光培养5 ~ 7天（图3-30）。

（3）尖端提纯法。将避光培养5天后的平板取出，切去菌落边缘菌种转接到PDA综合平板培养基上，25 ~ 26℃避光培养15天左右，通过检查发菌速度、菌落整齐度，有无角变，有无杂菌，进

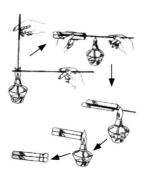

图3-30 接种过程

行初步的提纯复壮。

（4）扩繁。将尖端提纯后的菌种，切去玉米粒大小的菌种转接到PDA试管培养基中，25 ~ 26℃避光培养10 ~ 15天，即获得扩繁后的姬松茸母种。

189. 姬松茸原种生产方法是什么？

姬松茸原种目前常用的培养基有麦粒培养基，菌种生产的方法如下：

（1）配方。小麦97%，石膏1%，生石灰1%，白糖1%。

（2）技术流程。麦粒浸泡→捞出控水→再浸泡→蒸（煮）麦粒→拌辅料→装瓶→封口→灭菌→冷却→接种→培养。

（3）浸泡。麦粒倒入盛有2% ~ 3%的石灰水（pH ≥ 9）上清液中浸泡，浸泡至麦粒变软、麦粒中心无白芯即可。浸泡时间随水温不同而不同，一般水温20℃左右时，约15小时，低于16℃时，浸泡1昼夜。

（4）捞出控水。从石灰水中捞出麦粒在草席等物上摊晾时，注意不要让麦粒因风吹、日晒而失水，其目的是让吸水后的小麦进行萌发，促进内部物质转化，如淀粉转化成单糖或双糖。

（5）再浸泡。仍于2% ~ 3%的石灰水中，目的是让麦粒再充分吸水，时间一般在12小时左右（水温20℃）。水温可适当调整。石灰水浸泡一方面可防高温下长久浸泡引起的酸化，另一方面能杀死一部分因浸泡而活动的有害菌。

（6）蒸（煮）麦粒。将麦粒捞出后装入蒸笼，用热蒸汽在100℃下蒸1小时。麦粒蒸后稍加摊晾，除去表面多余水分，麦粒含水量为50% ~ 52%。煮麦粒时将麦粒捞出后放入锅中加水煮沸20 ~ 25分钟，以煮至捏开麦粒时里面没有"白心"为度，切忌煮过熟使麦粒表皮破裂。

（7）拌料。将石灰、石膏、白糖等按照比例混合到麦粒中。

（8）装料。拌好辅料的麦粒装于洗净控干的菌种瓶，装时不宜过满，瓶外瓶口处内壁应擦干净。外壁最好用清水洗干净。

（9）封口、灭菌。封口用棉塞，松紧要适中，外包以牛皮纸或两层报纸。经121℃、105千帕、2.5～3小时高压灭菌。

（10）冷却、接种、培养。灭菌后将菌种瓶搬入接种室内进行冷却，待瓶内料温降至常温时就可接种，一般冷却12～24小时接种最好。灭菌后的菌种要自然冷却至30℃以下才能接种，并且最好在短期内完成接种。实践证明，放置时间长会导致菌种吃料时间变长。接种要严格按无菌操作进行。接种时先将待接种的母种、原种料瓶及接种用具等放入接种箱内，按每立方米用福尔马林10毫升，加高锰酸钾7克，进行密闭熏蒸消毒30分钟后开始接种。接种时要严格按照无菌操作规程，先用75%酒精擦手，然后伸入无菌箱内，无菌条件下将母种（原种）迅速移接到栽培种培养基上。一般每只试管原种可扩接3瓶原种。

（11）培养。接种后的原种，应立即放在培养室进行培养，室内空气相对湿度宜70%左右，室温一般保持22～25℃。若在高温季节制种，则要千方百计做好降温工作。菌种培养期间要加强管理，及时检查，一般2～3天后接种块菌丝即可恢复生长并逐渐向纵深延伸，接种1周后，要全面检查一次，如有定植不好或杂菌污染的瓶子，要及时拣出淘汰。一般经25～30天的培养，菌丝即可长到瓶底。

190. 姬松茸栽培种生产方法是什么？

（1）配方。姬松茸栽培种仍然采用麦粒种，配方为：小麦80%、石膏1%、生石灰1%、辅料18%。

（2）拌辅料。将蒸（煮）好的麦粒晾干过多的水分后，加入总料量1%的石膏及1%生石灰粉，借助于麦粒表面附着的水分将石膏及碳酸钙与麦粒充分混匀。然后将麦粒总干重18%的辅料（干重）与麦粒拌匀即可。辅料则需先按料：水＝1：（1.2～1.3）调湿后再拌入。

（3）装料。拌好辅料的麦粒装于洗净控干的菌种瓶，装时不宜过满，料面盖约1厘米厚一层的辅料，辅料用量约为辅料总量的3%～5%，盖过辅料的料面需要适当压紧。在麦粒菌种最上层装一层辅料称作封口料。接种时菌种首先落在封口料上，菌种萌发早并能很快布满料面，有效提高菌种的成功率。

（4）辅料配方。牛粪50%，棉籽壳44%，硝酸磷肥2%，生石灰2%，石膏2%等。另添加磷酸二氢钾0.2%、硫酸亚铁0.1%等。应提前堆制，其堆制方法是将牛粪与棉籽壳混合发酵10天左右即可。

其余方法与原种相同。

191. 姬松茸优质菌种的标准是什么？

优质菌种的标准是：瓶内菌丝体洁白。有光泽，生长一致，分布浓密，绒毛状菌丝多，索状菌丝少，无菌丝团，拔起棉塞有姬松茸香味。且培养好的姬松茸菌种，要尽早使用，以免老化。若一时不用，应在5～7℃下保存，以延缓其衰老。

192. 姬松茸菌种运输要求有哪些？

姬松茸菌种不建议长途运输，运输时建议采用透气周转筐或网格袋，运输时避免高温运输，运输时添加冰块或用冷藏车运输，12小时以内能够到达的，建议下午6时左右装车，晚上运输，早上卸车，上下车轻拿轻放。

菌种运达后存放：菌种运达后及时使用，需要存放1天以内的可以放在阴凉处，需要长时间存放的宜采用冷库存贮。一般根据生产要求，安排好生产计划，菌种抵达后3天内要完成播种。

193. 姬松茸种植需要哪些原材料？选择标准是什么？

（1）原材料。姬松茸属于草腐菌，需要稻草、麦秸、玉米秆、薏仁米秆、甘蔗渣、棉籽皮、玉米芯、牧草、木屑等作为碳源；豆饼、花生饼、麸皮、玉米粉、畜禽粪和尿素、硫酸铵等作氮源；石灰、石膏、磷酸二氢钾、轻质碳酸钙等作为添加剂。

（2）标准。

①稻草、秸秆等。截成5～15厘米小段。

②畜禽粪。建议采用脱水粪，其中以牛粪较为理想。

194. 姬松茸栽培基质料配方是什么？

（1）秸秆类配方。秸秆70%（稻草、麦秸、玉米秆、薏仁米秆、牧草等）、米糠14%、干牛粪粉10%、尿素1%、过磷酸钙2%、石膏1%、石灰1%、轻质碳酸钙1%。

（2）甘蔗渣类配方。甘蔗渣70%、米糠14%、干牛粪粉10%、尿素1%、过磷酸钙2%、石膏1%、石灰1%、轻质碳酸钙1%。

（3）含玉米芯类配方。玉米芯30%、稻草35%（稻草、麦秸、玉米秆、薏仁米秆、牧草等）、牛粪12%、麸皮18%、石灰1%、过磷酸钙2%、尿素1%、石膏1%。

（4）含甘蔗渣类配方。甘蔗渣30%、稻草35%（稻草、麦秸、玉米秆、薏仁米秆、牧草等）、牛粪12%、麸皮18%、石灰

1%、过磷酸钙2%、尿素1%、石膏1%。

（5）含棉籽壳类配方。棉籽壳35%、稻草35%（稻草、麦秸、玉米秆、薏仁米秆、牧草等）、牛粪12%、麸皮13%、石灰1%、过磷酸钙2%、尿素1%、石膏1%。

（6）含木屑类配方。棉籽壳30%、稻草40%（稻草、麦秸、玉米秆、薏仁米秆、牧草等）、牛粪12%、麸皮13%、石灰1%、过磷酸钙2%、尿素1%、石膏1%。

备注：上述配方仅供参考，实际种植时根据原材料来源、难易程度及成本自行选择。

195. 姬松茸基质料发酵过程是什么？

堆料发酵可以采用发酵隧道进行发酵，但是普通种植户种植时可以采用传统发酵技术，包括前发酵和二次发酵。

（1）前发酵（图3-31）。

①建堆。把秸秆等主料浇水预湿，预湿后，与米糠、畜禽粪等原辅材料充分搅拌建堆。料堆一般上宽为80～90厘米，水分控制在60%左右。

图3-31　前发酵

②翻堆。预堆时间在7天左右，料温上升至70～75℃就要进行第一次翻堆。翻堆时在培养料中加入硫酸铵或尿素，在微生物的帮助下，通过发酵变成姬松茸可利用的氮源。翻堆时要充分翻拌，把中层培养料翻放在外周，把外周培养料堆到料堆中央。第二次翻堆一般在第一次翻堆的5天后进行，以后再按4天、4天、3天的间隔时间进行翻堆，共翻堆5次，发酵时间为23～25天。发酵后培养料变成棕褐色，手拉纤维容易拉断，发

酵就完成了。

（2）二次发酵（图3-32）。前发酵结束后，基质料培养料均匀地、不松不紧地铺菇床，厚度以20厘米为宜。培养料上床后，进行二次发酵，即将菇房的出入口、通风口关闭，把菇房的温度升高到55～60℃，保持2天左右，待料温降到25℃时再播种。

图3-32　通入蒸汽进行二次发酵

196. 播种栽培的一般流程和方法是什么？

播种栽培的一般流程：菌种掰碎→撒种→发菌→覆土。

（1）撒种。首先把菌种轻轻掰碎，撒种前需要进一步检查基质料水分，偏低需要喷洒石灰水，偏高开棚通风让水分蒸发。播种时，将菌种的2/3均匀撒在培养料面上，用叉适当抖动，将菌种落入料内，剩余1/3撒在床面上，每平方米播种量1千克左右。

（2）发菌。光线暗，空气湿度70%左右，料温22～26℃（不要超过30℃）；通气量随菌丝生长逐渐加强；前4～5天内不揭膜（保温保湿），之后每天揭膜通风换气一次，每次10分钟。

（3）覆土。一般在播种后20天左右，菌丝长到整个培养料的2/3时开始覆土。覆盖培养料的土粒和覆土方法之好坏，对姬松茸的产量有非常大的影响。因此，覆土是种植上一项非常重要的工作。覆土用的土粒不能太坚硬，一般以选用田底土，不含肥料，且新鲜、保水、通气性能较好、含水量在70%～75%的大土粒最好。

197. 出菇管理需要注意什么?

一般在播种后40天左右,菌丝开始发育粗壮。此时畦床上面应用井水或泉水进行喷水,罩膜内相对湿度要保持在90% ～ 95%,并保持盖膜2天后,土面上就会出现白色米粒状菇蕾,继而长成黄豆状,3天后菇蕾长到直径2～3厘米时,应停止喷水。出菇时,要消耗大量氧气,并排出二氧化碳,因此,每天要揭膜通风1～2次,通风时间不少于30分钟,通风后继续罩膜保湿,促进菇蕾的正常生长。在阴雨天气,可把罩膜四周掀开,进行通风换气,防止菇蕾烂掉。

出菇期温度以20 ～ 26℃最好。若出菇时气温偏低,可罩紧薄膜保温保湿,并缩短通风时间和次数。气温超过30℃时,可在荫棚上加厚遮阳物,整天打开罩膜通风透气,创造较阴凉气候。出菇周期大体上10天,出菇结束后可修改畦的形状,再喷水补充畦床的水分,为下次出菇做好准备。出菇可持续3～4个月,可逐批逐次出菇采收。

198. 姬松茸种植过程中常见的病虫害有哪些? 如何进行防治?

贵州省全年空气湿度均较高,在大棚内种植姬松茸在高温季节,棚内容易形成高温高湿的环境,很容易发生病虫害。

(1)病虫害。目前,主要的病虫害有:胡桃肉状病、棉絮状菌、绿霉菌、曲霉菌、白色石膏霉、腐烂病、病毒病等病害,以及跳虫、马陆、鼠妇、菇蝇、螨虫、蛞蝓等虫害。

(2)防治方法。

①选用无病虫害的菌种进行生产。

②培养料按操作规程严格进行二次发酵，杀灭病虫侵染源。

③覆土和菇房消毒杀菌杀虫，土壤暴晒，密闭熏蒸消毒用甲醛10毫升/米^{2}或高锰酸钾5克/米^2。

④菇房四周和菇房内走道撒生石灰杀菌防虫。

⑤菇床发病严重时，清除病部，并用生石灰消毒发病部位。

⑥每次采菇结束或发生病虫害时，喷菇丰、菇净、农用链霉素混合溶液。

199. 姬松茸菌床出现胡桃肉状菌病害的发病症状、发病原因是什么？防控措施有哪些？

胡桃肉状菌病害，是姬松茸种植中比较常见的病害，也是比较致命的，感染后基本上会造成绝收。

（1）发病症状。菌体形状不规则，表面呈脑状皱纹，又似核桃仁，直径可达1～5厘米，群生。多在覆土后土层内发生，在土层下面或表面形成不规则形似胡桃肉状菌团，菌团颜色由白色逐渐变为红褐色，并散发出刺激性漂白粉味，严重时姬松茸菌丝褪去，培养料变黑，造成绝收。

（2）发病原因。高温高湿，菇房内气温在25～30℃，培养料含水量达70%，空气湿度85%以上；通气不良；发酵料pH偏酸；堆肥中氮肥偏高和发酵过熟；覆土消毒不严格或未消毒，易引发此病。

（3）防治措施。使用优质菌种，其标准为菌丝洁白、粗壮、适龄；老菇房严格消毒，培养料进房前15天用1%石灰水喷洒墙壁，培养料进房前7天，菇房要喷5%甲醛溶液；在二次发酵期间，室温达到60℃后，保持6～10小时，能达到消毒目的；选择无病原菌的覆土材料，使用前在阳光下晒几天才可使用；一旦发现病害，应停止喷水，及早挖除病团，然后用30%百·福可湿性粉剂500倍液喷洒病灶处，等下一茬菇蕾出现时再喷水。

200. 姬松茸菌床出现白色石膏霉病害的发病症状、发病原因是什么？防控措施有哪些？

白色石膏霉病害，是姬松茸种植中比较常见的病害，会影响姬松茸的品质，导致姬松茸减产甚至绝收。

（1）发病症状。先在培养料内出现白色棉毛状菌丝体，随后扩大到覆土层，在土层表面形成浓密菌丝体，不久变成白色石膏状粉状物，最后变成菌核。

（2）发病原因。菇场长期通风不良，又长时间处于高温高湿环境中；培养料偏碱性；培养料发酵过熟，湿度、温度偏高；水源不清洁，含有大量病菌；菌种质量不好；土壤内含有病原菌。

（3）防治措施。保持菇房卫生，使用前消毒，用高锰酸钾、甲醛密闭熏蒸，2天后开启通风，即可使用；选择优质培养料，合理配料，严格掌握二次发酵工艺，保证培养料的质量，调节酸碱度，降低培养料pH，适宜pH在7.5～8.0，不超过8.5；菇房喷水必须使用清洁水，以免杂菌孢子随水传入菇房；创造良好通风透气条件，避免菇房高温高湿；如果发现病斑，及时清除，用30%百·福可湿性粉剂500倍液喷洒病灶处。

201. 姬松茸菌床有时会出现大量的杂菌子实体，如鬼伞等，其发病症状、发病原因是什么？防控措施有哪些？

鬼伞类杂菌，如果基质料没有达到标准是必然会出现的杂菌之一，影响姬松茸的产量和延迟出菇期。

（1）发病症状。培养料表面出现细弱、灰白色菌丝，生长迅速，不久形成白色米粒状菌蕾，菌蕾会迅速伸长，成熟后产生黑色孢子，菌褶自溶后形成黑色黏液。

（2）发病原因。在培养料发酵期间，料堆淋雨后易长鬼伞；培养料腐熟不匀，料内氨气过多；进床后培养料密度过大，通气不良，也易长鬼伞菌。

（3）防治措施。选择新鲜的培养料，增加发酵堆氧气含量；防止雨淋，减少氮肥施用量；发现鬼伞及时拔除。

202. 姬松茸基质料中出现了螨虫、小蜘蛛等时，其主要危害是什么？如何防治？

螨虫和小蜘蛛是姬松茸种植时主要发生在基质料中一类虫害，会直接吃掉姬松茸菌丝，导致不出菇。

（1）危害。螨虫和小蜘蛛危害姬松茸菌丝，造成褪菌，被害菌丝被吃掉变稀，培养料松散，只剩下菌索，不能出菇。主要来源于仓库、饲料内或鸡棚里的粗糠、棉籽壳和籽饼等原料中，通过培养料和菌种传播。螨虫繁殖快、个体小，喜在高温下生长繁殖。

（2）防治措施。选择无螨菌种；培养料需经二次发酵处理，也可在培养料进菇房前，用磷化铝熏蒸杀灭菌螨；菌螨发生时，选用安全高效杀螨剂防治；出菇前，用甲氨基阿维菌素1 000倍液，或240克/升螺螨酯悬浮剂3 000 ~ 5 000倍液喷雾防治。

203. 菇棚中出现了菌蝇、菌蚊时，其主要危害是什么？如何防治？

菌蝇、菌蚊几乎是所有高温季节出菇的食用菌都会产生的虫害之一，其幼虫会直接吃掉姬松茸菌丝，导致不出菇。

（1）危害。幼虫取食原基和子实体，导致原基萎缩死亡，成虫携带病菌，造成各种病虫害同时发生，影响品质及产量。成虫具有趋光性，常栖息于腐烂水果、垃圾、食品废料以及腐烂的食用菌上。菌蝇和菌蚊不危害菌丝，但它们在培养料上产卵后，孵出的幼虫取食菌丝。

（2）防治措施。由于幼虫常处在培养料中，很难被杀死，因此，在成虫出现时，要及时杀灭。

①物理防治。可用黄板、杀虫灯诱杀，或用酒、糖、醋、水比例为1：2：3：4的糖醋液加入少许敌百虫放入盘中，晚上置灯下诱杀。

②化学防治。采用高效低毒生物农药，如除虫菊等防治，以免影响食用菌正常生长和造成农药残留，影响人体健康。

204. 盘菌类杂菌如何防治？

在姬松茸出菇后期，尤其是第二年以后的出菇棚，在姬松茸菌床上会生长一种黄色菌丝，当菌丝长到一点面积后，就会出现较大的、柠檬黄色的耳盘状子实体，多丛生或群生，初期呈杯形，生长中后期呈不规则耳状或瓦片状，边缘初期内卷，后期稍外卷，稍触动生长较成熟的盘菌子实体，就会弹射散发大量的盘菌孢子粉雾。

这种杂菌是姬松茸种植后期，尤其是老棚最容易出现的一种杂菌，属于盘菌类杂菌，隶属于盘菌目（Pezizales）、盘菌科（Pezizaceae）。该类杂菌菌丝生长活力旺，姬松茸刚受到盘菌危害时，局部菌丝开始逐渐萎缩退去，然后迅速蔓延整个菇床，受其危害的菇床不长姬松茸，已生长的姬松茸子实体萎缩死亡。当进入10月以后，气温逐渐下降，姬松茸菌丝受盘菌危害不严重的又可局部恢复，原来不长菇的菇床又可长出少量的姬松茸子实体。

（1）发病原因。盘菌平时生活在土壤中和有机物质上，可随培养料及覆土料进入菇床，也可由空气或水源将孢子传播到菇床上，在适宜的条件发生竞争性病害。其发病原因如下：

①栽培老区和高温高湿环境易发生。从这几年盘菌发生的情况看，一般是在一个区域内（方圆10千米）种植姬松茸的第二年开始发生，随着种植时间的推移，发生越来越严重。在新的区域（距离原发生姬松茸盘菌种植区10千米以外）当年一般不发生。盘菌在高温高湿的条件下易发生，主要发病时间是在7~9月。起初盘菌在培养料中大量繁殖，几天内就可覆盖大片畦床。

②菇房建造缺陷或使用期长。目前，多数菇农在一个菇房里连续栽培姬松茸2~3年，甚至还更长。菇房均采用内塑料膜、外稻草遮阳，建造简单，通风不良，温度高、湿度大，有利于盘菌发生。

③杀菌消毒和培养料发酵不过关原因主要是培养料建堆（前发酵）和二次发酵（后发酵）技术不过关，老菇房及覆土料杀菌消毒不彻底，病原菌多。

④生产管理和病害防控技术缺乏主要是菇床喷水、通风管理和培养料pH略小等问题。当然，菇农对盘菌了解不多、认识不足，在病害发生时不懂防控，病害随风、随水迅速传播，任其发展。

（2）防治技术。姬松茸盘菌的防治工作与农作物病害防治一样，应以"预防为主，综合防治"为原则。

①栽培区域时间不宜太长，在一个区域内（方圆10千米）种植姬松茸不宜超过5年。每年尽可能更换栽培场地或菇房。栽培场地尽可能选择水源方便、地势较高、通风较好的田块。

②栽培季节可适当提前，中、低海拔地区栽培季节可安排3

月上中旬，比以往提前15～20天，避开因处在7～8月高温高湿、盘菌高发生期时，遇姬松茸出菇高峰期造成的损失。

③抓好培养料堆制发酵堆料发酵（前发酵）和二次发酵（后发酵）是姬松茸栽培的重要一环。堆料目的是通过高温发酵，使原料迅速转化，便于姬松茸菌丝的吸收利用，并借助于微生物作用产生的高热来杀死粪草中的病虫和盘菌等杂菌。前发酵和后发酵技术不过关会严重影响姬松茸产量和盘菌的发生。

④做好消毒灭菌工作，清除病原菌。凡连续栽培姬松茸的菇房，在第一年姬松茸采收结束后，就要把废菌料清理出菇房，掀去菇房四周和棚顶塑料膜让其日晒雨淋；在第二年种植姬松茸时，先提前清理菇房垃圾，开好菇房四周排水沟，然后围盖塑料膜和遮阳草料、安装通风窗；在姬松茸培养料进房前1周消毒菇房一次，即在菇房内和菇房外1～2米处喷雾多菌灵等杀菌剂，并撒上石灰粉；在姬松茸培养料进房前2天，再消毒菇房1次，一般130～150米^{2}菇房用甲醛2千克，敌敌畏0.5千克熏蒸，密封24小时，然后，开门、开窗让药剂味道退去就可进料。同时，整个长菇期间应保持菇房卫生，及时清理菇床面死菇、菇头和死菇根，以免盘菌和虫害滋生。尤其在菇床喷水时和喷水后要开窗，避免高温闷湿不利菌丝生长而利盘菌发生。

⑤菇床发病时，处理菇床一旦发生盘菌，要立即停止喷水，加大菇棚光照和通风，并迅速采取"阻断隔离"措施。即清除在盘菌发病（从姬松茸培养料床底面菌丝体可看到被盘菌危害的黄色菌丝体）与未发病处的姬松茸培养料和覆土料，清宽20～30厘米，清料时下一层菇床要覆盖塑料膜，否则，在清料时盘菌掉下来会蔓延。同时，在清沟处和发生盘菌的菇床上撒碳铵或石灰，可得到抑制。

205. 姬松茸采摘技术有哪些？采摘时需要注意哪些细节？

姬松茸采摘要采收适期、并注意采收方法和采后的处理。

（1）采收适期。为了保证姬松茸的商品价值，延长姬松茸的货架寿命，应该在子实体菌盖直径4～6厘米且菌盖尚未开伞时采收。若采收过早，会降低产量；若采收过迟，孢子会发育成熟，导致菌褶变黑或开伞而降低品质，也不利于采后加工，而且会消耗菌床过多的养分，影响下一潮菇的生长。

（2）采收方法。采收时，用手指轻轻捏住菌盖先向下轻压，再轻轻摇动，然后将菇体旋转采下，切不可直接将子实体拔起。

在采收丛生菇时要特别小心，若丛生菇的菇体大小相差较大时，可用锋利清洁的小刀将采收的菇体割下，不要伤及保留的菇体；若丛生菇中大部分菇体已达到采收标准，则可将整个丛生菇采收。出菇旺季要经常到菇房进行观察，看到已达标准的姬松茸子实体，要及时采收，尽量做到上午能采收的不留到下午，下午能采收的不留到第二天，尤其是气温高时，更要及时采收。产菇尾期出菇量很少，采收时可直接将菇体带老根一同拔起，以减少工作量。

（3）采后处理。姬松茸子实体采收后，要及时用锋利清洁的小刀及时修剪去杂质，并及时加工，确保以较好的商品性状上市。

206. 姬松茸的初加工技术是什么？

姬松茸的初加工主要是指烘干技术，具体操作如下：
先将修剪去杂质的姬松茸洗净，然后单层放置在烘烤筛上。

烘烤的温度要由低到高，最高温度不超过65℃，风量则由高到低。

第一阶段温度保持在35 ～ 40℃，通风口要全开，并保持3 ～ 5小时；第二阶段，温度控制在45 ～ 50℃，排风口开起1/3 ～ 2/3，保持6小时左右；第三阶段进行后期干燥，将温度提高到55 ～ 60℃，并关闭通风口，保持1 ～ 2小时，从而使干品的含水量降到12%以下。

207. 在姬松茸初加工时，应注意什么细节？

①采摘下来的姬松茸，时间不可放置过长，否则，菇体会褐变，进而影响加工后的质量；②若开始温度过高，会使菇体表面烤焦，通风量少时，则会使菇体变软，质量下降。因此，风量和温度的分段调节，是提高干品质量的关键因素；③在烘烤期间，上下层烘烤筛要不时交换，有利于烘烤干燥均匀一致。

208. 烘干设备实施有哪几种？是否可以自制简易烘干设备？

烘干设施或烘房主要有烘干器、烘干机、电热鼓风干燥机以及低温冻干机等，这些都需要专业设计和购置。

小种植户或农民种植规模不大或经济实力不足的可以采用下述方法自制烘房：

在烤房内的一端，安一个火炉，在火炉上安装一个曲形铁管作烟道，用排风扇对着发热的铁管吹风，将铁管发热时产生的热风送入烘烤房内，另一端为上料操作进口，两边用砖砌墙或用层板制作，顶部用层板封顶，并开2 ～ 3个可调节的排气窗。最后在烘烤房内安装上料支架并在支架上放置烘烤筛。

209. 怎样贮存姬松茸干品？

（1）干燥贮存。姬松茸吸水性强，含水量高时容易氧化变质，也会发生霉变。因此，姬松茸必须干燥后（含水量在12%以下）才能进行贮存。贮存容器内必须放入适量的石灰块或干木炭等吸湿剂，以防反潮。

（2）低温贮存。姬松茸必须在低温通风处贮存，有条件的可把装姬松茸的容器密封后置于冰箱或冷库中贮存。

（3）避光贮存。光线中的红外线会使姬松茸升温，紫外线会引起光化作用，从而加速姬松茸变质。因此，必须避免在强光下贮存，同时也要避免用透光材料包装。

（4）密封贮存。氧化反应是姬松茸质变的必经过程，如果切断供氧则可抑制其氧化变质。可用铁罐、陶瓷缸等可密封的容器装贮姬松茸，容器应内衬食品袋。要尽量少开容器口，封口时要排出衬袋内的空气，有条件的可用抽氧充氮袋装贮。

（5）单独贮存。姬松茸具有极强的吸附性，必须单独贮存，即装贮姬松茸的容器不得混装其他物品，贮存姬松茸的库房不宜混贮其他物资。另外，不得用有气味挥发的容器或吸附有异味的容器装贮姬松茸。

210. 姬松茸鲜品该如何贮藏贮运？

（1）贮藏方法。常用并且有效的姬松茸保鲜方法是在冷库里低温保藏。具体做法：将姬松茸装入竹筐或开有通气孔的箱子里。放入冻库后错位重叠堆码，以保证通风透气。将冻库内温度控制在1～4℃，即可保鲜10～15天，但最多不得超过1个月。

（2）贮运方法。夏季要将姬松茸空运或用火车、汽车托运到其他地区销售，则需要保鲜贮运，以防姬松茸变质。

具体的保鲜贮运方法：将适量姬松茸装入塑料袋内，以3～5千克为宜。姬松茸菇体水分不宜过高，若水分偏高，则应将鲜菇摊开，并用风扇吹风排湿，使菇体表面稍干；或放入冷库内，在1～3℃下处理16～24小时，待菇体表面多余水分散失后，再装袋，可提高保鲜效果。装袋时，要预先在袋底部放一层吸水性强的纸，如旧报纸，再装入菇，并在表面再放一层纸；若装的姬松茸偏多，还需在中部放一层纸。最后封好袋口，并反向再套一层塑料袋。将装入塑料袋的姬松茸再装入泡沫箱中，每箱重量为10～25千克。用塑料瓶装一瓶水，放入冰柜中制成冰瓶，在冰瓶外套上一层塑料袋，并放入箱内的菇袋间。最后用不干胶密封箱缝，捆绑好箱子，并及时运往其他地区市场销售。

▶ （八）大球盖菇

211. 什么是大球盖菇？

大球盖菇（*Stropharia rugoso-annulata*），别名赤松茸、酒红盖菇、云茸等，为担子菌亚门、层菌纲、伞菌目、球盖菇科、球盖菇属大型草腐真菌（图3-33）。大球盖菇是国际菇类交易市场上的十大菇类之一，也是联

图3-33　大球盖菇

合国粮食及农业组织（FAO）向发展中国家推荐栽培的蕈菌之一。1922年，在美国首次发现并命名，其后欧洲各国及日本、中国也相继发现其分布。20世纪60年代，德国开始试种，其后波兰、捷克斯洛伐克、匈牙利相继引种栽培并逐渐推广到美国和欧洲其他国家。1995年，我国福建省三明市真菌研究所引种大球盖菇成功，目前在全国范围内均有栽培，特别是四川、云南、西藏、贵州和东北等冷凉气候地区已实现多季节生产。

大球盖菇生产通常采用露地仿野生地栽模式，利用秸秆等农业废弃物作为栽培基质，具有易操作、产量高、生态效益显著等特点，推广应用价值极高。

212. 大球盖菇的商品价值和特色是什么？

大球盖菇色泽鲜艳、菇形美观、口感脆嫩爽滑，深受消费者喜爱。其营养价值极高，据报导，大球盖菇中占比最大的粗蛋白质、总糖、氨基酸总量分别比香菇和平菇高354%和303%、52.7%和21.3%、58.3%和45.6%；占比较小的粗脂肪、粗多糖、总黄酮、粗纤维、矿质元素则总体持平或略低。

大球盖菇其市场销售价格受季节影响较大，春季为全国大球盖菇的集中上市期，而产地价格3元左右；夏秋季节只有云南、四川、西藏、贵州、东北等冷凉地区可产，产地价格8元左右，冬季在部分热带地区可产出，较高的价格可持续至春节以前。

213. 种植大球盖菇有何优势？

（1）大球盖菇的生态价值突出。以使用各种农牧废弃物，特别是作物秸秆等作为栽培基质，变废为宝，大量减少了因秸秆焚烧造成的污染，有效净化环境（图3-34）。

图3-34 秸秆作为栽培基质

大球盖菇为草腐菌，发展该产业不需砍伐木材，不因采伐林木作为菌材而破坏当地生态。

生产结束后废弃菌渣直接回田，增加土壤肥力，改良土壤结构。

可利用冬闲田、林下空地进行生产，也可与各种大田作物如水稻、玉米、苦瓜等进行间、混、套种，形成良好的生态互补效应，提高经济效益，促进土地的合理高效利用。

（2）栽培技术简便易操作。栽培技术简便易行，不需要任何设施即可开展大球盖菇栽培，也可利用现有设施开展精细化栽培（图3-35）。

栽培形式多样，可因地制宜在露地、大棚、棚架下、林下进行栽培。

图3-35 大球盖菇露地栽培

栽培料来源广泛，农作物秸秆、野草、修剪枝条、废弃菌包和粪肥等都可以用作大球盖菇培养料。

（3）贵州省具有无可比拟的气候资源优势。贵州地处云贵高原，生态资源优越，境内小气候环境众多，具有发展大球盖菇产业的极佳条件，充分利用贵州省的气候条件，因地制宜，可以形成全年供应的大球盖菇产业。

低海拔热区如罗甸、望谟、册亨等地，可在11月左右开始种植，元旦节至春节期间上市。

中海拔地区如贵阳、安顺等贵州大部分地区，可在9月左右开始这种植，国庆节至元旦期间上市。

高海拔地区如六盘水、威宁等地区，可在6月左右开始种植，夏季上市。

214. 大球盖菇栽培的生长参数有哪些？

大球盖菇栽培的主要参数如下：

① 发菌菌丝培养温度21 ~ 27 ℃；培养料含水量70% ~ 75%；培养时间25 ~ 45天；二氧化碳浓度>2%，通风每小时0 ~ 1次，不需光照。

② 菇蕾形成原基分化温度10 ~ 16℃，相对湿度95% ~ 98%；时间14 ~ 21天；二氧化碳浓度<0.15%；通风每小时4 ~ 8次或根据二氧化碳的浓度而定；光照100 ~ 500勒克斯。

③ 子实体发育温度（长菇）16 ~ 21℃，相对湿度85% ~ 95%；时间7 ~ 14天，二氧化碳浓度<0.15%，通风每小时4 ~ 8次，光照100 ~ 500勒克斯，出菇两潮间相隔3 ~ 4周。

④ 耐受极限值。大球盖菇菌丝生长温度范围是5 ~ 36℃，在10℃以下和32℃以上生长速度迅速下降，超过36℃，菌丝停止生长，高温延续时间长会造成菌丝死亡。在低温条件下，菌丝生长缓慢，但不影响其生活力。应根据大球盖菇的生长习性，结合当地的气候特点、培养料获得难易情况和市场价格等因素，因地制宜，合理安排下种时间。

215. 栽培大球盖菇的具体流程是什么？

大球盖菇主要采用仿野生露地栽培模式进行生产，根据对菌材的不同处理方法分为生料栽培法和发酵料栽培法，按覆土时间可分为直接覆土法和后期覆土法。其具体流程如下：

（1）栽培场地选择及整理。应尽量选择水源条件好、土壤有机质丰富、团粒结构好的地块。对土地进行翻土平整，浇一次透水，用高效低毒低残留农药对环境进行杀菌防虫处理。

（2）栽培基质及处理。

①生料栽培法。采用当年玉米秸秆、水稻秸秆等农业废弃物为培养料，适当粉碎至长度5厘米左右，接种前2%生石灰水或清水浸泡1～3天，沥水12～24小时，让其含水量达65%～70%，待用。或采用喷淋法，边喷水边用铲子将培养料翻转混合（翻堆），间隔3～4小时，重复喷水翻堆4～5次，直到培养料完全湿透。

怎样判断栽培料的含水量呢？可用手抓取一把栽培料，使劲挤压，能挤出不连续的水滴，则含水量在65%左右；如挤出连续的水线，则含水量过高，需要继续沥水；如不能挤出水滴，则含水量过低，应补充水分。

②发酵料栽培法。发酵场地最好选硬化过的场地，清理后地面撒一层石灰消毒。

A.建堆，上述培养料采用淋喷的方式吸足水分后，加入5%的麦麸，将培养料堆成底部2米宽，顶部1.2米宽，高0.8米，长度不限的梯形堆，料堆建好后，以四周有水溢出、但不流出为宜，建堆后在料顶部和四周打孔透气，以便通气发酵。在距离地面和顶面20厘米处各放一支温度计，平行地面插入料内深度10厘米左右。

B.翻堆。一般建堆后每天观察堆温情况并记录，在堆温达到最高温度维持3天后，开始第一次翻堆（图3-36）。可在建堆的一端将外层栽培料翻入堆前空地，再将内部高温区栽培料翻到新堆表层。如培养料含水量较少，可适当补水。接下来继续建堆、打孔、记录温度，达到最高温度后维持3天再次翻堆。一般翻堆2～3次，培养料可完全发酵好，发酵时间受温度影响较大，在20天左右。

（3）制作菌床和播种。在平整好的土地上按40厘米走道、90～100厘米畦面划线，将走道上的土翻到畦面上，修整成中间略高的龟背型（图3-37）。

图3-36　翻　堆　　　　　　图3-37　制作菌床和播种

将培养料平铺畦上（略窄于畦面），厚度5厘米；菌种自袋中取出后用手掰成鸽子蛋大小，均匀播入菌种；然后再铺一层培养料，厚度10厘米，均匀播入菌种；最后再盖一层培养料，厚度5厘米。菌床做好后可以直接覆土，取走道上的土壤均匀覆盖到菌床上，厚度3厘米，完成后走道约低于菌床底部10厘米左右，自然形成排水沟。如不直接覆土，可在菌床上覆盖稻草、麻布片或无纺布，待菌丝长满至2/3或全部长满后在覆土。根据实践经验，采用直接覆土法，有利于抑制杂菌生长，简化栽培管理。栽培料生料用量约7.5千克/米²（3 000千克/亩），发酵料用量约10千克/米²（4 000千克/亩）；菌种用量一般按500～750克/米²播种，气温较高时应相应增大菌种量，通过竞争抑制杂菌生长。操作过程应讲究卫生，采用佩戴手套，高锰酸钾水浸泡器具等措施，注意避免杂菌污染。

将水稻秸秆均匀地覆盖到菌床上，以刚刚看不到土为宜，不要太厚，完成后可向畦面上喷施一次高效低毒低残留杀虫剂。

216. 大球盖菇怎样进行栽培管理？

①建堆播种后，应注意观察堆温，要求堆温在20 ~ 30℃，最好控制在25℃左右，菌丝生长快且健壮。如堆温过高，应采用掀掉覆盖物、畦面中部打孔，加强遮阴等方式降温。

②播种后20天内一般不用浇水，可根据天气情况适当往覆盖物上喷施少量水。

③20天后，定期观察培养料情况，大雨时要注意排涝，水分不足时可适当浇水，平时注意向畦面喷雾保湿。

④一般栽培30天左右，菌丝就能长满栽培料，1 ~ 2周后菌丝长出覆土即可进入出菇管理，工作的重点是保湿及加强通风透气，每天早晚向畦床喷雾。根据少喷、勤喷的原则，使空气相对湿度保持在80% ~ 95%，晴天多喷、阴雨天少喷或不喷，不能大水喷浇，以免造成幼菇死亡，喷水中不能随意加入药剂、肥料或成分不明的物质。

⑤出菇期子实体生长期间需要一定的光照，但若光照过强，菇体生长后期颜色发白，并对菌床菌丝有一定的杀伤力，大田种植时应注意遮光，一般给予50% ~ 80%遮阴。

217. 大球盖菇怎样防治杂菌与虫害？

大球盖菇抗性强、易栽培，但在栽培过程中也会出现杂菌与虫害。杂菌有鬼伞、盘菌、裸盖菇等竞争性杂菌，其中以鬼伞较多见。常见的害虫有螨类、跳虫、菇蚊、蚂蚁、蛞蝓、蜗牛等。

（1）常见杂菌的防治措施。鬼伞等常在菌丝生长不良的菌床上或使用质量差的稻草作培养料栽培时发生。防治方法：稻草要求新鲜干燥，栽培前将稻草在烈日下暴晒2～3天，以杀灭鬼伞及其他杂菌孢子；掌握好培养料的含水量，使其保持在70%～75%，以利于菌丝的生长；若在菌床上发现鬼伞等杂菌的子实体时，立即拔除。

（2）常见虫害的防治措施。选好场地，严禁在白蚁多的地方进行栽培；场地避免多年连作，以免造成害虫滋生；可采用容器施放四聚乙醛诱杀蛞蝓，不建议直接抛洒药物，以免造成环境污染，影响菇的品质；利用"一网（防虫网）两板（黄板、蓝板）一灯（杀虫灯）"物理措施控制病虫害。

218. 怎样采收大球盖菇？

（1）采收标准。当子实体菌盖呈钟形、菌幕尚未破裂时，及时采收。子实体从现蕾到成熟高温期仅5～8天，低温期适当延长。

（2）采收方法。采收时用手指抓住菇体轻轻扭转一下，松动后再用另一只手压住菇脚基部泥土向上拔起，切勿带动周围小菇（图3-38）。采收后在菌床上留下的洞穴要用土填满。除去菇脚所带泥土即可上市鲜销，分级包

图3-38　大球盖菇的采收

装。盛装器具应清洁卫生，避免二次污染。产品质量应符合国家有关规定。可直接鲜品销售，或制成盐渍品、干品进行销售。

（3）转潮管理。一潮菇采收结束后，清理床面，补平覆土，停水养菌3～5天，喷重水喷透增湿、催蕾。发现原料中心偏干时，要采用两垄间多灌水，让两垄间水浸入料垄中心或采取料垄扎孔洞的方法，让水尽早浸入垄料中部，使偏干的中心料在适量水分作用下加速菌丝的繁生，形成大量菌丝束，满足下茬菇对营养的需求。但也不能过量大水长时间浸泡或一律重水喷灌，避免大水淹死菌丝体，使基质腐烂退菌。再按前述出菇期方法管理。

219. 大球盖菇采后怎么处理？

（1）鲜销。

①采收。按一级菇标准早晚各采一次。

②清理装箱。将菇脚的泥土清理干净，按大小进行分级后分层规则摆放到泡沫箱中，每层之间用包装纸隔开。

③冷链运输。将泡沫箱放入冷库0～4℃处理至少4小时以上，冷藏车运输至目的地冷库保存、销售。如供应本地市场，则可在清理装箱后直接进行销售。

（2）盐渍法。盐渍保存的大球盖菇可保存3个月左右，是外销的主要形式。

①采收。用于盐渍外销的大球盖菇的菇体应在六七成熟，即菌盖呈钟形，菌膜尚未破裂时采收，用竹片刮去菇脚泥沙，清洗干净。

②杀青。将清洗干净的大球盖菇的菇体放入5%食盐沸水中杀青煮沸8～12分钟，具体煮制时间应视菇体大小而定，煮至

菇体熟而不烂、菇体中心熟透为止。煮制好后捞出，迅速放入冷水或流水中冷却至冷透为止，此时熟菇下沉，生菇上浮。杀青煮制用不锈钢锅，切忌用铁锅，以免菇体色泽褐变影响品质。

③腌制。将煮制冷却的大球盖菇从水中捞出，盛入洁净的大缸内，注入40%的饱和盐水至淹没菇体，上压竹片重物，以防菇体露出盐水面变色腐败。压盖后表面撒一层面盐护色防腐，见面盐溶化后再撒一层。如此反复至面盐不溶为止。

④转缸贮存。大球盖菇在浓盐水中腌制10天左右，要转1次缸，重新注入饱和盐水，压盖、撒面盐至缸内盐水浓度稳定在24%，即可装桶贮存和外销。加工完毕后的食盐水可用加热蒸发的方法回收食盐，供循环使用。

（3）干制。干制可以自然晒干、火炕烘干、机械烘干、远红外线烘干等。

①晒干。将菇体切片放筛网上置强光下暴晒，经常翻动，1～2天就可晒干，移入室内停1d，让其返潮，然后再在强光下晒1d收起装入塑料袋密封即可。贵州省气候多雨，可利用空置的简易大棚进行晒干。

②烘干。

A.分级装筛。用于干制的大球盖菇采收清洗后，在通风下沥干水，按菇体大小和干湿程度筛选分级，摆放在烘烤筛上。烘烤前将烘干机（房）预热至45～50℃，待温度稍降低，再把鲜菇筛排放在烘房的烘筛层架上，大菇排放在筛架中层，小菇排放在筛架顶层，开伞菇排放在筛架底层。

B.调温定型。晴天采摘的菇烘烤的起始温度为35～40℃；雨天采摘的菇为30～35℃。菇体受热后，表面水分迅速蒸发，此时应打开全部进气窗和排气窗，以最大通风热风烘干机排出水蒸气，促使整朵菌褶片固定，直立定型。随即将温度降至26℃保持4小时，以防菌褶片倒伏，损坏菇形，色泽变黑，降低商品价值。

C.菇体脱水。26℃保持4小时后开始升温，以每小时升高2～3℃烘温的方法维持6～8小时至51℃恒温，促使菇体内的水分大量蒸发。升温时要及时开闭气窗，调节相对湿度达10%，以确保菌褶片直立和色泽固定。升温阶段还要适当调整上下层烘筛的位置，使菇体干燥度均匀一致。

D.整体干燥。由51℃恒温缓慢升至60℃要6～8小时，当烘至八成干时。应取出烘筛晾晒2～3小时后再上架烘烤，将双气窗全闭烘制2小时，烘至用手轻折菇柄易断，并发出清脆响声时烘烤结束，一般9千克鲜菇可加工成1千克干菇。

③成品分装。将烘烤后的大球盖菇干品按级别分装于塑料食品袋内，密封贮藏。

（4）其他深加工。大球盖菇作为食品还可以考虑用来做成菌油、泡菜和休闲小食品等深加工产品，扩大消费渠道，提高附加值。另外，大球盖菇也是药食同源食用菌，具有很好的医疗保健作用，可考虑开展大球盖菇总黄酮、总皂苷及酚类的提取及相关保健品的开发。

220. 大球盖菇有哪些品种？

大球盖菇品种极少，目前市面上销售的菌种来源多为福建三明市真菌研究所当初引进的菌株st0128后代；其他还有四川省农业科学院从四川双流竹林下采摘到四川野生大球盖菇中选育的大球盖菇1号和黑龙江农业科学院选育的黑农球盖菇1号。

221. 大球盖菇有哪些食用方法？

大球盖菇的实用方法有爆炒、煲汤、涮锅、烧烤、煎炸、蒸煮、凉拌、生吃刺身、包水饺等。主要介绍一下煎炸、蒸煮、刺身生吃、凉拌。

①煎炸。大球盖菇煎鸡蛋饼或油炸大球盖菇。

②蒸煮。大球盖菇蒸鸡蛋（或称为"大球盖菇蒸芙蓉蛋"），将鸡蛋按芙蓉蛋的做法调制好，倒入大球盖菇菌盖中，放入锅里蒸熟。

③刺身生吃。冰镇大球盖菇取出后，然后去蘸酱、蘸作料生吃。

④凉拌。凉拌做法步骤：第一步用竹片或刀片清除大球盖菇身上泥土（不宜水洗）；第二步将清理干净的大球盖菇用手撕成条状备用；第三步在锅中烧开水至沸点，将撕成条状的大球盖菇在沸水中抄一下备用；第四步将凉拌用的作料（根据个人喜好可任意添加，如生姜碎末、大蒜碎末、芥末等）；第五步以大球盖菇拌作料吃。

▶ （九）灵芝

222. 灵芝是什么？

《神龙本草经》中将灵芝分为赤芝、黑芝、青芝、白芝、黄芝和紫芝，并强调此六种灵芝皆为上品，均可"久食轻身不老，延年神仙"。2015版《中国药典》将灵芝（*G.lucidum*）和紫芝（*G.sinense*）认定为我国的法定中药材。根据我国著名菌物学家卯晓岚《中国蕈菌》记载，灵芝 [*Ganoderma lucidum*（*curtis*）P.Karst.] 隶属于灵芝科灵芝属，又名赤芝、红芝、仙草、灵芝草、万年蕈等。本文以菌物学家卯晓岚定义的灵芝（赤灵芝）为主要研究对象，此种灵芝自然分布于黄河流域，为灵芝的代表，用药历史悠久，并形成具有特色的中国灵芝文化。

223. 灵芝是否像神话故事中那么有奇效？价格高吗？

灵芝在许多神话故事中被誉为"仙草"，其卓越的功效可见一斑，然而灵芝在现实生活中自1967年栽培成功以后，应用较少，其主要原因是中国传统医药将灵芝神话，让人潜意识认为以"得之不易，极其昂贵"，不可轻易使用，这些思想限制了灵芝的后续发展。近年的研究和应用实践表明，灵芝属于温补类药用菌，不仅药效好，价格不贵，《中国药典》明确记载没有发现其副作用，因此灵芝是一种安全、具有开发价值的保健品和药品，市场潜力巨大。

224. 灵芝的种类有哪些？是怎样分布的？

根据世界各国灵芝分类专家的学术报告，世界约有灵芝184种。中国灵芝分类研究的权威赵继鼎先生的《中国灵芝新编（1989)》记述中国灵芝科有104种，占世界种数的56%以上。灵芝科真菌的生态分布主要在亚洲、美洲、大洋洲和非洲大陆热带和亚热带地域，少数分布在温带。中国的东南（包括台湾）、西南的生态条件皆属热带和亚热带气候，很适宜灵芝菌的繁殖生长，灵芝品种几乎遍及这一区域。

225. 灵芝的形态特征是怎样的？

灵芝子实体一年生，有柄、木栓质，菌盖肾形，半圆形，近圆形，有环状棱纹和辐射状皱纹，菌柄近圆柱形，侧生或偏生，菌盖及菌柄有红褐色油漆光泽，菌盖背面污白色、淡黄色，孢子卵形或顶端平截。该种生长期短，是我国当前进行人工栽培主要种类，在灵芝科中其药用功效也是研究最深的。

226. 赤灵芝有什么药用价值？

《神龙本草经》中将赤灵芝列为上药"主养命以应天，无毒，多服、久服不伤人"，并指出，赤芝"苦、平、无毒"，主治"胸中结"，"益心气，补中，增智慧，不忘"。现代医学研究，赤灵芝具有以下功效：

（1）增强免疫力。灵芝具有增强人体免疫力的作用，国内外大量实验表明，灵芝多糖可显著提高癌症晚期患者的免疫功能，特别是对肺癌、乳腺癌、肝癌、前列腺癌、膀胱癌和脑肿瘤患者。灵芝多糖可显著提高NK细胞活性，增强免疫应答，激活磷脂酰肌醇-3激酶途径抑制嗜中性粒细胞自发性的凋亡。另外，灵芝多糖还可激活T细胞、B细胞、巨噬细胞、NK细胞等免疫细胞，促进未纯化脾细胞在体外的增殖，增强DNA聚合酶α的活性剂促进白细胞介素的分泌，从而起到免疫作用。

（2）抑制肿瘤。有关实验表明灵芝孢子油可有效抑制肝癌细胞株HepG2的增殖，并诱导肝癌细胞的凋亡，抑制其迁移能力，改变癌细胞表面Toll受体表达，这说明了灵芝中有效成分具有抗肿瘤的作用；同时灵芝多糖还具有抑制肿瘤血管新生，使肿瘤细胞生长得以抑制的作用。灵芝孢子提取物具有显著的体外抗肿瘤作用，该抗肿瘤机制与对拓扑异构酶I、拓扑异构酶II的抑制有关。另外，灵芝孢子粉还可延长癌症患者的生存期，有效降低化疗后癌症的复发率。

（3）抗衰老。人衰老的特征之一是核酸和蛋白质生物合成能力及修复能力下降，而有关实验表明赤芝水提取物可明显恢复衰老机体的免疫机能，使机体体液免疫和细胞免疫恢复至成年水平，这是灵芝抗衰老的重要机制之一。实验还发现灵芝多糖可促进肝细胞合成血清白蛋白和肝脏蛋白质，增加肝匀浆细胞色素 P-450 的水平，促进骨髓细胞蛋白质的合成，促进骨髓细胞的分裂增殖，这也是灵芝预防衰老的重要机制之一。

（4）改善心脑血管。灵芝还能改善血流动，可显著降低血胆固醇、脂蛋白和甘油三酯水平，降低全血和血浆黏度，改善局部微循环，抑制血小板的聚集，并可对动脉粥样硬化起到一定的预防作用。

（5）降血糖。灵芝对糖尿病大鼠糖、脂代谢紊乱均有明显的调节作用，并明显降低早期糖尿病肾病大鼠的尿微量白蛋白排泄量，使糖尿病大鼠体重明显增加，肾指数降低，血清总蛋白、白蛋白增加。有学者指出，灵芝可通过上调基质金属蛋白酶 2 和金属蛋白酶 9 的表达，抑制细胞外基质 IV 型胶原的聚集，从而缓解糖尿病引发的早期肾损害。

（6）保肝解毒。灵芝肽、多糖、三萜类化合物及其协同保肝作用，研究表明，在 D-GalN 肝损伤模型实验中，GLP（15毫克/千克·bw）、GLPS（800毫克/千克·bw）、灵芝三萜类化合物（GLT）（100毫克/千克·bw）及三者组合，均能极显著降低小鼠血清中 ALT、AST 活性，同时也能极显著地抑制肝匀浆中 SOD/GSH-PX 活性、GSH 含量的下降及 MDA 含量的升高（$p < 0.01$）；三者组合组小鼠肝细胞病变明显好转或恢复，效果好于单组分组。促进肝脏蛋白质核酸代谢可能是灵芝保肝解毒作用的机制之一。

（7）镇咳祛痰平喘。灵芝对慢性支气管炎的治疗机制主要是通过"滋补强壮，扶正固本"而实现的。以小鼠为试验动物，进行灵芝提取物防治呼吸系统炎症实验。结果表明灵芝提取物可显著增强由二硝基氯苯所致迟发型皮肤超敏反应，其 OD 值比对照提高40.14%。可见灵芝提取物具有止咳祛痰的作用，且对慢性支气管炎有较好的防治作用。而对于慢性支气管炎患者服用灵芝片或灵芝酊，其疗效也十分显著，一般可在治疗半个月至1个月后见效。

227. 灵芝中的有效化学成分是什么？

灵芝的化学成分非常复杂，多种化学物质综合作用形成了灵芝特有的药效，因此，科研工作者虽然从灵芝中分离出部分化合物，但是对其功能和化学物质间的协同作用仍然感到束手无策，无法清晰的阐释灵芝中化学物质与药效相互关系。目前从赤芝中发现具有活性的物质主要有灵芝酸A、灵芝酸B、灵芝酸C_1、灵芝酸C_2、灵芝酸D_1、赤芝酸A、赤芝酸B、赤芝酸C、赤芝酸D_1、灵赤酸、灵芝多糖、灵芝皂苷等。

228. 中国灵芝目前的规模有多大？

我国种植灵芝区域较广，以热带及亚热带地区较多，主要分布在浙江、安徽、山东、云南、河北、吉林、江苏及福建等地。目前，国内对灵芝的种植面积、产量、销量、行业规模等缺乏权威统计数据。全国灵芝种植规模较大的区域有：东北产地（吉林）、山东产地（鲁西产区）、大别山产地（安徽、湖北）、武夷山产地（福建和浙江江西）。根据浙江省食品药品监督管理局和浙江省农业厅公布统计，截至2014年年末，浙江省灵芝种植面积近5 000亩，产值约占全国总量的30%。

229. 灵芝加工产品有哪些？

目前，市场上销售的灵芝绝大多数为人工栽培，主要以深加工产品为主，具体情况如表3-4所示。

表3-4 市场上销售的灵芝产品及销售渠道

产品类型	产品性质	产品名称	销售渠道
灵芝子实体	中成药	灵芝胶囊、灵芝片、复方灵芝颗粒、灵芝糖浆等	医院、药店、药材市场
	中药饮片	灵芝片、灵芝粉	药店、专卖店、医院、商超
灵芝孢子粉	保健品	灵芝孢子粉、灵芝孢子油、灵芝孢子油胶囊	药店、专卖店、医院、商超、药材市场、电商

　　近年来，随着消费者对灵芝孢子粉药用价值的深入了解，我国灵芝孢子粉产业快速发展，增速远高于灵芝子实体类产品。市场上的灵芝孢子粉主要为普通灵芝孢子粉和灵芝孢子粉（破壁）。研究表明，灵芝孢子粉（破壁）的药用价值明显高于灵芝子实体及未破壁灵芝孢子粉，现已成为市场上的主流产品。由于灵芝在全国分布较广，且灵芝孢子粉等灵芝深加工产品功效显著，具有良好经济效益，目前国内生产企业数量及灵芝产品种类繁多。根据国家药监局网站披露信息，截至2014年底，有药品批文或保健食品批文的灵芝及灵芝孢子粉产品分别有188个和530个，但目前尚未形成具有全国影响力的品牌，市场上多以区域性品牌为主，如寿仙谷、南京中科集团股份有限公司、福建仙芝楼生物科技有限公司等。

230. 灵芝的市场销售情况如何？

　　从灵芝的销售区域来看，主要集中于人均收入水平相对较高、保健意识较强的东部及沿海发达地区。从消费人群来看，主要集中于年纪偏大、具有一定经济承受能力的群体，主要用于疾病预防及保健为目的。另外，由于近年来大量文献报道灵芝多糖具有抑制肿瘤和增加机体免疫力的功能，越来越多的消费者出于预防和辅助治疗肿瘤而购买灵芝及灵芝孢子粉产品。从消售渠道来看，出于对品牌产品的信任，消费者多通过老字号药店、品牌直营店里或连锁药店购买，也有部分消费者通过商超购买。

231. 适宜贵州省种植的灵芝有哪些品种？

贵州的气候温暖湿润，属亚热带湿润季风气候，降水较多，日照较少，冬暖夏凉，特别适合灵芝的生长，在野外的森林里，常常可以见到野生灵芝的身影。贵州栽培灵芝主要是赤芝和黑灵芝，赤芝主要用于收获灵芝孢子粉，黑灵芝则收获子实体。

232. 贵州灵芝的特点和优势是什么？

灵芝生长的温度为 3 ～ 40℃范围，以 26 ～ 28℃最佳。在基质含水量接近60% ～ 65%、空气相对湿度90%、pH5 ～ 6的条件下生长良好。灵芝为好气菌，子实体培养时应有充足的氧气和散射的光照。贵州省生态环境优越，生物多样性非常丰富。这里的温度、湿度和水分常年维持在灵芝生长的最佳条件上，再加之地处偏僻，农药残留相对较小，因此，灵芝子实体和孢子粉的品质良好，有效成分含量较高，贵州产的灵芝产品价格一般要高于其他省份。

233. 菌种生产的基本流程是怎样的？

我国食用菌菌种规范实行的是母种、原种、栽培种的三级菌种生产程序，任何菌种厂必须按照行业标准《食用菌菌种生产技术规程》（NY/T 528—2010）进行。基本工艺流程：备料→配制→分装→灭菌→冷却→接种→培养→检查→成品。

（1）灵芝母种的制备。

①母种培养基（马铃薯葡萄糖琼脂培养基，PDA）。马铃薯200克、葡萄糖20克、琼脂20克，自来水1 000毫升，pH自然。

②培养基配置。先将马铃薯洗净去皮，再称取200克切成小块，加水煮烂（煮沸20～30分钟，能被玻璃棒戳破即可），用8层纱布过滤，加热，加20克琼脂，继续加热搅拌混匀，待琼脂溶解完后，加入葡萄糖，搅拌均匀，稍冷却后再补足水分至1 000毫升。

③分装灭菌。将配置好的培养基分装入试管中，加塞、包扎，灭菌压力1.4～1.5千克/厘米^2 121℃灭菌30分钟左右后取出试管摆斜面或者摇匀，冷却后贮存备用。

④摆放斜面。当试管温度下降到60℃左右，开始摆放斜面，培养基斜面顶端在试管3/4处为宜，待培养基凝固后可以进行后续操作。

⑤接种。母种制作比较严格，要求在超净工作台下进行接种操作。接种前，穿戴干净衣帽，用肥皂水洗手，擦干后再用75%的酒精棉球消毒。首先将所有接种工具和材料（试管斜面、接种钩、75%酒精棉球、酒精灯、打火机、记号笔、标签等）放入超净工作台内，打开超净工作台内的紫外灯，紫外杀菌30分钟，关闭紫外灯，打开风机10分钟后，开始接种。接种时用左手平行并排拿起母种试管和待接斜面培养基，斜面向上，管口放在酒精灯火焰形成的无菌区内；用右手的小指、无名指和手掌取下试管棉塞，试管口略向下倾斜，用酒精灯火焰封住管口；右手的拇指、食指和中指持接种钩，在母种斜面上取一块2～3毫米大小的带有培养基的菌种块，迅速移入新的试管斜面中部；取

出接种钩，塞上棉塞，再烧一下试管口和接种钩，接下一支。如此反复操作，1支母种可扩接30～40支继代母种。接好种的试管，逐支贴上标签，写明菌种名称、来源及接种日期等，放置培养箱中培养。

⑥母种培养。母种培养温度为28～30℃，避光培养。经过2～3天，菌丝可开始萌发，出现肉眼可见的菌丝体。一般7～10天可长满试管斜面。如果组织不到2天就出现肉眼可见的菌丝体，多为杂菌。如果分离物（菌肉组织）培养4天仍为出现肉眼可见的菌丝体，可能是切割灵芝菌肉组织的手术刀或接种针在酒精火焰上方灼烧之后没有充分冷却，或其他原因导致分离物（菌肉组织）失去活性而不能萌发菌丝体。正常灵芝菌丝体洁白、纤细、平坦、致密、均匀，随着菌丝的生长、菌落的扩展，接种块处的菌丝逐渐老化形成坚韧的菌皮，并随着菌皮的老化，色泽逐渐变为淡黄色。

⑦母种质量检查。根据菌种发菌速度、生长速度、颜色等指标进行检查。检查过程主要注意发菌速度慢、菌落不整齐，颜色不同，有杂菌的试管进行剔除。

（2）灵芝母种生产过程中的注意事项。

①指定适宜的菌种生产计划，母种在试管长满后可在冰箱中保藏一段时间，但原种和栽培种长满瓶（袋）后要求尽快用于生产。

②无论是组织分离获得的菌种还是购买的菌种，都要进行栽培试验，符合生产要求的菌种可用于规模化生产。菌种选择有误，将会对生产造成不可估量的损失。

③进行菌种的组织分离和转管，必须严格遵循无菌操作的有关要求。

④尽量避免多次转管。在转管过程中可能出现基因突变，使菌种退化，降低菌种的生活里。通常，灵芝母种经过3～4次转管

后，就需要重新进行分离复壮，重新进行栽培试验，汰劣存优。

234. 灵芝原种和栽培种怎么制作？

（1）灵芝原种配方。阔叶树木屑76%，麦麸22%，糖1%，石膏1%，水适量（含水量55%～60%）。

（2）灵芝栽培种配方。硬杂木屑74%，玉米粉24%，蔗糖1%，石膏1%，水适量（含水量55%左右）。

（3）原料和生产工具的准备。拌料机、装袋机、推车、磅秤、铁锹、水管水泵、袋子、封口膜、标签等。木屑主要杂木屑，避免使用松、杉、柏的木屑。

（4）培养基的配置。根据当天的生产计划，按照配方比例称料。先将干料（蔗糖除外）搅拌均匀，然后逐步加水（蔗糖溶于水中）继续搅拌，至培养基含水量达到要求时，即可分装。生产灵芝菌种可用15厘米×30厘米×0.055厘米（长×宽×厚度）的PE袋（适于常压灭菌）或PP袋（可以高压灭菌）作为菌种容器。

（5）装袋。培养料应上面稍紧，下面稍松，松紧度适当。过紧袋内空气少，影响菌丝生长，过松虽然发菌快，但菌丝少，且易干缩。洗去瓶口内外残留木屑、麦麸等培养料，稍干后塞上棉塞或用聚丙烯薄膜和牛皮纸包扎瓶口。料袋可用塑料圈加透气塑料盖封口。搅拌均匀的培养基需及时进行装袋，15厘米×30厘米的菌种袋，装袋平均重量为550～650克。拌好的料必须当天装完，上锅灭菌。过夜存放容易造成自然发酵，变酸，造成培养料pH下降。

（6）灭菌。高压灭菌一般设置为121℃维持2～3小时；常压灭菌设置为100℃维持24～36小时。

（7）冷却。灭菌后的培养料及时移入冷却室，冷却室要保持卫生清洁和干燥，特别要防止地面扬尘的发生，进入冷却室的人员提前穿好清洁的工作服。灭菌后进入冷却室的菌袋要减少人为搬动。接种之前应进行无菌培养试验，检测灭菌效果。

（8）接菌。通常接菌为5人，1人搬运菌种，其他4人分为两组，每组2人，负责接种。将所有工具放入超净工作台中，打开紫外灯和臭氧发生器，30分钟后，关闭紫外灯。打开风机，两人一组，一人掏菌种放入新的菌袋种，另一人开瓶，带菌种放入后封口。接种人员要穿洁净的工作服，接种室消毒干净，所有操作尽可能靠近酒精灯火焰。一瓶原种可以转接栽培种50～60瓶。

（9）培养。维持培养室温度在25℃左右，避光，坚持通风换气。菌种培养前期，每2～3天检查一次，菌丝覆盖培养基表面后，每隔7～10天检查一次。一般经过20～40天的培养，菌丝可长满整个培养料，再过7～10天的培养，即可用于转接栽培种或用于生产。

（10）质量检查。培养期间检查菌种的萌发、封面、吃料情况、生长一致性、色泽和杂菌情况，及时剔除有问题的菌种。当菌丝生长到3/4时，全面排查菌种并翻堆，菌种长满1～2天，即可使用或存放，存放必须放在4～10℃环境中，原种和栽培种保藏时间最多15天。

（11）注意事项。接种人员一定要做好个人卫生和消毒；培养室要清洁干燥，特别是高湿地区要控制好湿度；灭菌速度要快，升温时特别避免40～60℃停留时间过长，造成培养料酸化；生产用的木屑最好是新鲜的木屑，新鲜的木屑灵芝长得更好更快；菌种生产时，不能使用生石灰，生石灰会抑制灵芝菌丝生长。

235. 灵芝什么时候种植？

灵芝的栽培种主要有两种，一种是段木栽培种，以原木段打孔或菌种棒接种捆绑而成，另一种是代料栽培种，以木屑、秸秆等主料接种而成。椴木栽培种组织致密，一般不外加营养源，发菌时间比代料缓慢，一般安排在12月初至翌年1月下旬制种，待菌种长满后，至清明前后，气温稳定在20℃以上时即可覆土，使原基慢慢发生，1年内可收获1～2潮芝。

236. 灵芝如何种植？

（1）菌棚搭建。选择地势开阔、通风良好、排灌方便、土地肥沃的微酸性田块芝场。土地经深翻暴晒，按东西走向整畦，畦宽1.5米、高20厘米，畦间走道30厘米，四周开20厘米的排灌沟，并撒灭虫药，防虫危害，每3畦搭1个塑料大棚，棚高2米，离棚顶20厘米再架平棚，上覆遮阳度为80%的遮阳网。也可根据海拔高低，地势，生产规模，地理条件等因地适宜，搭建中棚，小拱棚和林下种植。

（2）菌种覆土。菌袋内菌丝长满培养料，断面出现红褐色菌被，菌材表面有弹性感和少量菌材出现原基突起，选晴天将菌材从袋中取出，畦上开浅沟，将菌材横放入沟中，接种穴朝上，每行4段，行距8～10厘米，填土过菌材2厘米，稍压平实，浇水使土壤含水量达60%左右，保持湿润状态，但忌积水。

（3）日常管理。

①前期。菌材埋土后气温较低，以保温为主，白天减少棚顶的遮阳网，接受光照，增加地温。保持棚内温度在22℃以上。约半个月原基即露出土表，注意通风换气，每2～3天选晴天中午通风1次，空气相对湿度控制在85%左右。

②中期。气温上升，温差较大，白天注意降温，棚顶增厚覆盖物，控温28℃左右。这时子实体生长较快，应增加通气量，可将四周棚膜往上卷起，离畦面6～10厘米，防止二氧化碳积

累而产生畸形。相对湿度控制在90%～95%，常向空中喷雾保湿。晚间应放下薄膜减少昼夜温差。每潮芝采收后挺水2天，促使菌丝恢复生长和原基再次发生。

③后期。气温逐渐下降，空气也趋干燥，着重保温，白天减少覆盖物增加棚内温度，增加喷雾次数。通气时，东南方向通风，防止西北方向寒流袭击。通过精心管理，争取多产芝，产好芝。

（4）病虫害防治。灵芝常见杂菌有细菌、酵母菌、放线菌和霉菌。常见害虫有菌蚊、菇蝇、造桥虫和谷蛾等昆虫。病虫害防治要严格按照GB/T 8321及DB13/T 453的规定执行。坚持"以防为主，综合防治"的原则。不同生育期应采用不同的药剂进行防治，尽量使用生物农药。化学防治可以使用链霉素等防治细菌性病害；利用农抗120、井冈霉素、多抗霉素等防治真菌性病害；利用苏云金杆菌、阿维菌素等防治螨类、昆虫、线虫等；利用鱼藤精或除虫菊等植物性杀虫剂杀灭有害昆虫等。

（5）及时采收。当灵芝菌盖以充分展开，边缘的淡黄色基本消失，菌盖开始革质化，呈现棕色，开始弹射孢子，经7天套袋搜集孢子后，就应及时采收，此时如果不采收，则影响第二茬灵芝子实体的形成，采收时用锋利的小刀，在菌柄0.5～1厘米处割取，千万不可连菌皮一起拔掉，以免引进虫害病害蔓延，同时第二茬灵芝子实体也难以形成，采收后的培养料，经过数天修养后，喷施一次豆浆水，数天后就会长出第二茬灵芝子实体。将采收的灵芝清洗干净，放在塑料布或竹帘上晒干，或放使用烘干机烘干。

（6）孢子粉套袋收集。原基发生至子实体成熟一般需要30天左右，一旦子实体成熟孢子也陆续开始释放。子实体成熟的标准是，菌盖边缘白色生长圈已基本消失，菌盖有黄色变成棕黄和褐色，菌管开始成熟并出现棕色丝状孢子或近菌基部落有棕色孢子粉出现，这时即进入套袋最佳时间。套袋前排去积水降低湿度，同时用清洁的毛巾将套袋的灵芝周围擦干净，然后套上袋子至灵芝的最低部，套袋需适时，做到子实体成熟一个套一个，分期分批进行。若套袋过早，菌盖生长圈尚未消失，以后继续生长与袋壁粘在一起或向袋外生长，造成局部菌管分化困难影响产孢，若套袋过迟则孢子释放后随气流飘流失，影响产量。灵芝子实体成熟后，呼吸作用逐渐减少，但套袋后局部二氧化碳浓度也会增加，因此仍需要保持室内空气清新。一般套袋半个月后子实体释放孢子可占总量的60%以上。一般每万袋需陆续套袋10～15天结束。

一般采用分期采粉收集孢子粉，取下套筒，先采收套筒内侧和灵芝菌盖上的孢子粉，再用手抓住扎袋上端向上拉，形成口子，另一手用勺子将扎袋内孢子粉去取出。套上套筒继续培育，15天采收一次。

（7）孢子粉烘干保存。根据早套袋早采收、晚套袋晚采收的原则，套袋后20天就可采收，采集后的孢子粉摊入垫有清洁光滑白纸的竹匾竹内，放在避风的烈日下暴晒2天，使含水量小于8%。用120目筛过筛除杂先用除去混入的杂质，然后再用200目筛除去细小的杂质。然后用厚度0.000 4厘米的聚乙烯袋密封保存。

（8）产品的分级。目前还没有关于灵芝子实体和灵芝孢子粉的产品分级标准，传统灵芝子实体通常以菌盖的大小进行分级，菌盖直径10厘米以上为一级品，菌盖直径10～8厘米为二级品，菌盖直径8～5厘米以三级品，菌盖直径小于5厘米为等外品。破壁灵芝孢子粉的特征是深褐色粉状物，手捏触感细滑，无异味，口感无不良味道，不苦不涩。

主要参考文献

暴增海，邱传庆，王增池，等，2009.大球盖菇部分生物学特性研究[J].北方园艺(01):217-219.

边银丙，2017.食用菌栽培学[M].北京:高等教育出版社.

蔡英丽，刘伟，陈峰，等，2018.梯棱羊肚菌大田栽培品比试验与分子鉴定[J].菌物研究，16(04): 239-243.

杜习慧，赵琪，杨祝良，2014.羊肚菌的多样性、演化历史及栽培研究进展[J].菌物学报，33(2): 183-197.

葛台明，1989.白鬼笔组织分离制种[J].食用菌(5): 17.

桂阳，龚光禄，卢颖颖，等，2013.白鬼笔出菇特性研究[J].食用菌(3)：12-14.

何培新，刘伟，蔡英丽，等，2015.我国人工栽培和野生黑色羊肚菌的菌种鉴定及系统发育分析[J].郑州轻工业学院学报(自然科学版)，30(Z1):26-29.

黄坚雄，袁淑娜，潘剑，等，2018.以橡胶木屑为主要基质栽培的大球盖菇与香菇、平菇的主要营养成分差异[J].热带作物学报，239(08):1625-1629.

黄韵婷，徐中志，李荣春，2009.羊肚菌栽培研究现状[J].云南农业大学学报，24(06):904-907.

李谣, 陈金龙, 王丽颖, 等. 2016 羊肚菌多糖抑制人乳腺癌细胞 MDA-MB-231 增殖和诱导细胞凋亡研究 [J]. 食品科学, 37 (21): 214-218.

李玉, 图力古尔, 戴玉成, 等, 2015. 中国大型菌物资源图鉴 [M]. 郑州: 中原农民出版社.

刘波, 范黎, 李建宗, 等, 2017. 中国真菌志(第二十三卷)[M]. 北京: 科学出版社.

刘伟, 兰阿峰, 张倩倩, 等, 2018. 羊肚菌栽培菌株遗传多样性分析及种特异性 RAPD-SCAR 标记开发 [J]. 菌物学报, 37(12): 1650-1660.

刘伟, 张亚, 何培新, 2017. 羊肚菌生物学与栽培技术 [M]. 吉林: 吉林科学技术出版社.

刘伟, 蔡英丽, 张亚, 等, 2018. 我国羊肚菌人工栽培快速发展的关键技术解析 [J]. 食药用菌, 26(3): 142-147.

刘伟, 张亚, 蔡英丽, 2017a. 我国羊肚菌产业发展的现状及趋势 [J]. 食药用菌, 25(2): 77-83.

刘叶高, 林汝楷, 曾绍山, 等, 2008. 姬松茸盘菌发病原因及防治技术初探 [J]. 食用菌(3):58-59.

卢东升, 贾晓, 罗春芳, 2010. 白鬼笔生物学特征研究 [J]. 信范学院学报(自然科学版), 23(2):242-244.

罗倩, 邹荣灿, 刘明月, 等, 2019. 羊肚菌多糖的提取分离纯化及保健功效研究进展 [J]. 食品研究与开发, 40(15): 211-216.

罗信昌、陈士瑜, 2016. 中国菇业大典 [M]. 北京: 清华大学出版社.

谭方河, 2019. 阐释我国羊肚菌外营养袋栽培技术的发展历程 [J]. 食药用菌, 27(04):257-263.

王彩云, 侯俊, 王永, 等, 2019. 白鬼笔研究进展 [J]. 贵州农业科学, 47(9): 44-48.

王海霞, 2014. 姬松茸生产中常见病虫害及防治 [J]. 植物保护(7):

38-39.

吴琪, 邢鹏, 刘顺才, 等, 2016. 姬松茸人工栽培的历史、现状与发展前景[J]. 食药用菌, 24(5): 300-305.

吴兴亮, 卯晓岚, 图里古尔, 等, 2013. 中国药用真菌[M]. 北京: 科学出版社.

颜淑婉, 2002. 大球盖菇的生物学特性[J]. 福建农林大学学报(自然科学版)(03):401-403.

叶家栋, 周志成, 王韵, 等, 1991. 白鬼笔分离研究初报[J]. 食用菌, 10(2):41-45.

于延申, 王月, 王隆洋, 等, 2018. 2018年吉林省珍稀食用菌栽培技术培训班 大球盖菇专题培训教程(四) 大球盖菇产品的贮藏、保鲜和加工[J]. 吉林蔬菜 (5):32-34.

张金霞, 2011. 中国食用菌菌种学[M]. 北京:中国农业出版社.

赵春燕, 孙军德, 李敏, 等, 2005. 培养条件对羊肚菌菌丝生长的影响[J]. 中国食用菌, 24(1):15-17.

赵丹丹, 李凌飞, 赵永昌, 等, 2010. 尖顶羊肚菌人工栽培[J]. 食用菌报, (01):32-39, 95.

赵琪, 2018. 我国羊肚菌产业发展现状、前景及建议[J]. 食药用菌, 26(03):148-151+156.

赵永昌, 柴红梅, 张小雷, 2016. 我国羊肚菌产业化的困境和前景[J]. 食药用菌, 24(3): 133-139, 154.

朱斗锡, 2008. 羊肚菌人工栽培研究进展[J]. 中国食用菌, 27(4):3-5.

宗文, 韩晓弟, 高原, 等, 2008. 大球盖菇生物学特性及菌种制作技术研究进展[J]. 安徽农业科学, 36(34):14942-14943, 15003.

Shorrocks B, Charlesworth P, 1982. A field study of the association between the stinkhorn Phallus impudicus Pers. and the British fungal-breeding Drosophila[J].Biological Journal of the Linnean Society, 17:

307-318.

Du X H, Zhao Q, O'Donnell K, et al, 2012a. Multigene molecular phylogenetics reveals true morels (Morchella) are especially species-rich in China[J].Fungal Genetics and Biology, 49: 455-469.

Jone G, 1962. Vegetative and fructifying grown[J].Trans. Brit. mycol. Soc, 45 (1), 147-155 .

Liu C, Sun YH, Mao Q, et al, 2016. Characteristics and antitumor activity of Morchella esculenta polysaccharide extracted by pulsed electric field [J].International journal of molecular sciences, 17(6):986-1001.

Mao-Qiang He, Rui-Lin Zhao, Kevin D, et al, 2019. Notes, outline and divergence times of Basidiomycota[J]. Fungal Diversity, 99:105-367.

Xiong C, Li Q, Chen C, et al, 2016. Neuroprotective effect of crude polysaccharide isolated from the fruiting bodies of Morchella importuna against H_2O_2-induced PC12 cell cytotoxicity by reducing oxidative stress[J].Biomedicine Pharmacotherapy, 83: 569-576.

图书在版编目（CIP）数据

食用菌高效栽培技术轻松学/贵州省农业农村厅组编. —北京：中国农业出版社，2020.6（2020.8重印）
ISBN 978-7-109-26709-1

Ⅰ.①食… Ⅱ.①贵… Ⅲ.①食用菌-蔬菜园艺
Ⅳ.①S646

中国版本图书馆CIP数据核字（2020）第046564号

中国农业出版社出版
地址：北京市朝阳区麦子店街18号楼
邮编：100125
责任编辑：李 蕊 宋会兵
版式设计：杜 然 责任校对：沙凯霖
印刷：中农印务有限公司
版次：2020年6月第1版
印次：2020年8月北京第2次印刷
发行：新华书店北京发行所
开本：880mm×1230mm 1/32
印张：6
字数：140千字
定价：45.00元